Taschenbücher zur Musikwissenschaft

105

W0220772

Taschenbücher zur Musikwissenschaft
Herausgegeben von Richard Schaal
105

FLORIAN NOETZEL VERLAG
»Heinrichshofen-Bücher« · Wilhelmshaven

FRANZ HERMANN FRANKEN

Die Krankheiten großer Komponisten

BAND 2

Wolfgang Amadeus Mozart
Carl Maria von Weber · Gioacchino Rossini
Franz Schubert · Gaetano Donizetti
Johannes Brahms

FLORIAN NOETZEL VERLAG

»Heinrichshofen-Bücher« · Wilhelmshaven

CIP - Titelaufnahme der Deutschen Bibliothek

Franken, Franz Hermann:

Die Krankheiten großer Komponisten / Franz Hermann Franken. — Wilhelmshaven : Noetzel, Heinrichshofen-Bücher.

Teilw. im Verl. Noetzel, Heinrichshofen-Bücher, Wilhelmshaven u. Verl. Heinrichshofen, Wilhelmshaven

Bd. 2. Wolfgang Amadeus Mozart, Carl Maria von Weber, Gioacchino Rossini, Franz Schubert, Gaetano Donizetti, Johannes Brahms. — 1989

(Taschenbücher zur Musikwissenschaft ; 105)

ISBN 3-7959-0420-X

NE: GT

©

Copyright 1989 by

Florian Noetzel Verlag

»Heinrichshofen-Bücher« · Wilhelmshaven

Alle Rechte, auch das der fotomechanischen Wiedergabe (einschließlich Fotokopie), vorbehalten

All rights reserved

Printed in Germany

ISBN 3-7959-0420-X

Inhalt

Gioacchino Rossini

Franz Schubert

Gaetano Donizetti

Vorwort

Pathographie soll in erster Linie medizinisch fachgerechte Ergänzung einer Biographie sein und weniger diagnostische Spekulation oder gar Hypothesenbildung zum Thema Kreativität und Krankheit. Voraussetzung dafür sind medizinhistorische Kenntnisse, denn die Erläuterung des Wandels von Krankheitsbegriffen, die Interpretation alter Nomenklaturen und vergangener Denkweisen bildet die Grundlage für das Verständnis alter Krankengeschichten. Diese Art der Pathographie scheint mir auch der beste Weg zu sein, gegen die zahlreichen Mißverständnisse und so beliebten Legendenbildungen anzugehen, die ihren Ursprung nicht nur in Sensationslust, sondern auch in historischem Unverständnis oder ganz einfach in Oberflächlichkeit haben. Bei der Aufarbeitung biographischer und pathographischer Unterlagen ist man immer wieder aufs neue erstaunt darüber, wie gerade fachlich fundierte Arbeiten zugunsten reißerischer Boulevardliteratur unberücksichtigt bleiben oder mangels entsprechender Vorkenntisse falsch interpretiert werden. Ganz ausgeprägt tritt das bei der Krankengeschichte Mozarts zu Tage, die objektiv betrachtet nicht so außergewöhnlich ist, wie man das glauben machen will.

Immer klarer ist es dem Verfasser geworden, daß es müßig ist, kausale Beziehungen zwischen künstlerischer Intuition und Krankheit herstellen zu wollen. Von Ausnahmen abgesehen, kommt man dabei über fragwürdige Hypothesen nicht hinaus. Ganz charakteristisch sind in diesem Zusammenhang beispielsweise die so konträren Krankengeschichten von Carl Maria von Weber und Johannes Brahms.

Pathographien sind zeitgebunden, da sie nur die Betrachtungsweisen einer bestimmten Epoche wiedergeben können. Das bedeutet, daß sie in gewissen Abständen neu geschrieben werden müssen. Das mindert nicht ihren Wert, denn objektive Daten werden auf diese Weise stetig weitergegeben, was um so wichtiger wird, je weiter die Jahrhunderte fortschreiten. Wie anders sähe heute die Pathographie Mozarts aus, wenn man seinen Krankheitsverlauf damals so dokumentiert hätte, wie es nur wenige Jahrzehnte später bei Beethoven, bei Bellini oder Donizetti der Fall war.

Auch bei der Abfassung des zweiten Bandes standen mir in dankenswerter Weise die im Vorwort zum ersten Band genannten Persönlichkeiten zur Seite. Hinzu kamen Prof. Dr. Seidler, Direktor des Instituts für Geschichte der Medizin der Universität Freiburg, Prof. Dr. H. Meinrenken, ehemaliger Direktor der Landesfrauenklinik Wuppertal, Dr. J. Heuvelmans, Krankenhaus St. Josef Wuppertal, Prof. B. Cagli, Direktor der Fondazione Rossini Pesaro und F. Capitanio, Direktor des Museo Donizettiano Bergamo. Dr. G. A. Koenig danke ich für seine Hilfe bei der Korrektur. Dem Florian Noetzel Verlag gilt mein Dank für die auch diesmal so gelungene Herausgabe des Taschenbuchs mit einer überdurchschnittlichen Bebilderung, die ich als besondere Bereicherung empfinde. Der Anregung des Verlegers, noch einen dritten Band in Angriff zu nehmen, der u.a. die Pathographien von Richard Wagner, Arnold Schönberg und Georges Bizet enthalten soll, kann ich mich nur schwerlich entziehen.

Dem Dank an meine Frau, der unermüdlichen Betreuerin der beiden Bände, kann ich keinen besseren Ausdruck geben als dadurch, daß ich ihr das gesamte Werk widme.

Freiburg, im Februar 1989 Der Verfasser

Wolfgang Amadeus Mozart

(1756—1791)

Einleitung

Mozarts früher Tod beschäftigt seit bald zweihundert Jahren nicht nur Ärzte und Musikwissenschaftler, sondern auch Ideologen, Romanschreiber, Sektierer und in jüngster Zeit sogar Filmproduzenten. Nachdem die Gerüchte, Antonio Salieri (1750-1825) oder die Freimaurer hätten Mozart ermordet, endlich zu verstummen schienen, sind sie, allem zum Trotz, mehr denn je wieder aufgelebt; ja, sie erfuhren sogar durch »neueste wissenschaftliche Erkenntnisse« verschiedene Erweiterungen. Danach waren es weder die Freimaurer noch Salieri, die den Mord auf dem Gewissen haben, sondern ganz andere Dunkelmänner, wie etwa Mozarts Schüler Franz Xaver Süssmayr, Gottfried van Swieten, Sohn des berühmten Leibarztes der Kaiserin Maria Theresia, Gerard van Swieten, oder gar der Hofkanzlist Franz Hofdehmel, ein Nachbar der Mozarts in Wien. Hauptsache Mord, das macht Mozart über seine Musik hinaus erst interessant. Demgegenüber verblassen die kritischen Bemühungen von Historikern und Medizinern, objektive Klarheit in seine Krankengeschichte und die näheren Umstände seines Todes zu bringen. Man geht darüber mit Leichtigkeit hinweg, ebenso wie über die Zeugnisse der Ärzte, die Mozart während seiner letzten Krankheit betreut haben; es waren die angesehensten von ganz Wien. Interessanterweise sind es gerade »Intellektuelle«, die sich der Faszination der Mordgerüchte nicht entziehen können und sich in ihrem dilettantischen kriminalistischen Spürsinn darin bestärkt fühlen, daß damals eben doch nicht alles mit rechten Dingen zugegangen sei und es irgendwelche Mörder — inzwischen sind mindestens fünf in der Diskussion — geben muß.

Man fragt sich, wie ein derartiges Panoptikum in unserer »aufgeklärten« Zeit überhaupt möglich ist. Es ist nicht nur durch die Lust an der Sensation und der Vorstellung, Mozart hätte auf natürliche Weise nicht so jung sterben dürfen, bedingt, sondern auch dadurch, daß sein Tod in eine Zeit fiel, in der sich die Stellung des Genies innerhalb der Gesellschaft zu wandeln begann. Als Mozart starb, war der Künstler noch ganz und gar Diener eines Fürsten, Königs oder Kaisers. Er blieb dessen Untertan, auch wenn er mit Privilegien ausgestattet war. Wenige Jahrzehnte später sah das anders aus. Der Künstler, das Genie, hatte sich verselbständigt, aus seiner dienenden Stellung weitgehend befreit; das Außergewöhnliche seiner Persönlichkeit fand Anerkennung, die biographischen Daten seines Lebens wurden interessant. Sie waren es wert, für die Nachwelt festgehalten zu werden, und damit engte sich der Spielraum für Spekulationen ein. Gerade die Musikgeschichte bietet hierfür anschauliche Beispiele. Denken wir nur an Bellini (siehe Band I). Da sich sogleich nach seinem Tod das Gerücht verbreitet hatte, er könne vergiftet worden sein (man wollte auch damals nicht glauben, daß ein derart junger und bis dahin gesunder Mensch so plötzlich starb), ordnete König Louis Philippe auf Begehren von Bellinis Freunden, unter ihnen Gioacchino Rossini, eine Obduktion an. Dadurch ließen sich derartige Gerüchte bereits im Keim ersticken, denn die dabei erhobenen Befunde einer akuten Darmentzündung und eines großen Abszesses in der Leber waren überzeugend. Über Mozarts letzte Krankheit gibt es demgegenüber keine schriftlichen Zeugnisse, eine Obduktion seiner Leiche erfolgte nicht; es war damals nur in Ausnahmefällen üblich,

Tote zu sezieren, was mangels entsprechender medizinisch wissenschaftlicher Voraussetzungen auch zu wenig brauchbaren Erkenntnissen geführt hätte. Außerdem waren die Begräbnissitten in Wien ganz anders als 30 oder 40 Jahre später. So liegen über Beethovens Krankheit nicht nur ausführliche Aufzeichnungen vor, sondern es war selbstverständlich, daß eine derart berühmte Persönlichkeit vor der Beisetzung obduziert und darüber ein genaues Protokoll niedergelegt wurde. Die anschließende Beerdigung glich einem Triumphzug, an dem sich halb Wien beteiligte.

Auf welchen Quellen beruhen nun die vielen Legendenbildungen und rührseligen Erzählungen über den seit Kindheit »chronisch kranken« oder »gemordeten« Mozart? Man sollte annehmen, daß es deren zahlreiche gibt. Als der Verfasser jedoch vor bald zwei Jahrzehnten danach zu suchen begann, war sein Erstaunen groß, daß an primären Quellen über Mozarts Tod nur die drei gleichlautenden Eintragungen im Sterberegister, im Totenbuch und im Totenschauprotokoll existieren. Sieht man von vereinzelten kurzen Meldungen in der damaligen Tagespresse ab, stammen sämtliche »Quellen« aus späteren Jahren bis Jahrzehnten. Nach den kargen Angaben in der ersten Mozart-Biographie von Franz Xaver Niemeczek aus dem Jahr 1798 — sie stützen sich auf widersprüchliche Aussagen von Konstanze Mozart und deren Schwester Sophie Haibel — verflossen dreißig und mehr Jahre, ehe über Mozarts Tod etwas niedergeschrieben wurde.

Anders sieht es mit Berichten über Krankheiten während Mozarts Jugend aus. Vater Leopold berichtete, wenn er sich mit seinem Sohn auf Reisen befand, regelmäßig darüber nach Hause, und so haben wir hierzu ausführliche und wichtige Primärquellen vorliegen.

Leopold Mozarts Reisebriefe

Mozarts Vater Leopold (1717-1787), zunächst Violinist, ab 1763 Vizekapellmeister der Hofkapelle des Fürsterzbischofs Siegmund von Salzburg, war ein emsiger Briefeschreiber und »medicinierte« gerne, d. h. er ließ sich über »medizinische Fragen« aus. Zur Behandlung der verschiedensten »Krankheitszufälle« empfahl er seine eigenen Pulver und Tropfen, die er je nach Art der Symptome in der Zusammensetzung variierte. Überzeugt davon, daß ihm in seinem am 9. Februar 1756 geborenen Sohn »Johannes Chrisostomus Wolfgang Gottlieb« ein Wunderkind geboren worden war, hielt er alle Reiseerlebnisse genauestens und ausführlich in Briefen fest und ließ davon noch Abschriften anfertigen. Seiner Leidenschaft für medizinische Dinge ist es zu verdanken, daß er darin über sämtliche Krankheiten seines Sohnes, aber auch über seine eigenen und die der übrigen Familie, bis in alle Einzelheiten berichtete.

Die erste Reise der Familie Mozart, von Mitte September 1762 bis Anfang Januar 1763, führte nach Wien, wo der Sohn Wolfgang, zusammen mit seiner ebenfalls hochbegabten älteren Schwester Nannerl (1751-1827), dem kaiserlichen Hof vorgestellt wurde. Im Juni 1763 machten sich die Mozarts zu einer zweiten Reise auf, die durch Mitteleuropa führte und von der man erst im November 1766 nach Salzburg zurückkehrte. Ab September 1767 war die ganze Familie wieder unterwegs, diesmal bis Dezember 1768. Ein Jahr später reiste Leopold alleine mit seinem Sohn nach Italien. Die Mutter, der das Reisen inzwischen zu beschwerlich wurde, blieb mit Nannerl in Salzburg zurück. Erst im März 1771 nach Hause zurückgekehrt, brach Leopold mit seinem Sohn schon im August erneut für fünf Monate nach Italien auf; eine dritte und letzte Italienreise folgte von Oktober 1772 bis

März 1773. Man kann Leopolds Dienstherrn, den Fürsterzbischof Siegmund von Schrattenbach, nur bewundern, daß er seinem Vizekapellmeister für dessen Reisen soviel Urlaub gewährte. Sein Nachfolger Fürsterzbischof Colloredo war, als er 1772 die Regierung übernahm, schon strenger und kleinlicher, was Leopold bald zu spüren bekommen sollte.

Leopolds Reisebriefe füllen im wahrsten Sinne des Wortes Bände. Sie zeigen uns, wieviele Gefahren das Reisen damals mit sich brachte; man mußte immer damit rechnen, die Heimat nicht mehr wiederzusehen. Mozarts Mutter erging es denn auch später so, als sie ihren 22jährigen Sohn nach Paris begleitete und dort starb. Die Gefahren drohten weniger in Form von Gewalttaten oder Raubüberfällen, obwohl die Straßen keineswegs sicher waren, als durch die verschiedensten epidemischen Krankheiten, die überall grassierten. Eine wirksame Behandlung gab es dafür nicht, und die Ärzte, in den therapeutischen Vorstellungen ihrer Zeit befangen, förderten oft noch den tödlichen Ausgang. Lassen wir nun Leopold Mozart selbst sprechen, indem wir seine immer wieder angeführten Zitate, die die Grundlage für die These des »chronisch kranken Mozart« darstellen, im Wortlaut wiedergeben.

Schon zu Beginn der ersten Reise 1762 hatte »wolfgangl in Lintz einen Catharr«, der aber schnell vorüberging, so Leopold am 16. Oktober 1762. Ernsthafter krank wurde Wolfgang wenige Wochen später in Wien, worüber Leopold am 30. Oktober 1762 seinem Freund Hagenauer nach Salzburg berichtet: »Glück und Glaß, wie bald bricht ein Essig Krug! ich dachte es fast, daß wir 14 Täge hintereinander gar zu glücklich waren, Gott hat uns ein kleines Kreuz geschikket, und wir danken seiner unendlichen Güte, dass es noch so abgelauffen ist, den 21. waren wir Abends um sieben Uhr abermals bey ihrer Kaiserinnen Maiest: unser Wolferl war

Abb. 1 Leopold Mozart im Jahre 1780.
Porträt eines unbekannten Künstlers.

Abb. 2 Anna Maria Mozart um 1775.
Porträt eines unbekannten Künstlers.

aber schon nicht recht wie sonst, und ehe wir dahin fuhren, wie auch, da er zu Bette gieng, klagte er s.v. den Hintern und die Füsse. Als er im Bette war, untersuchte ich die orte, wo er die Schmerzen zu füllen vorgab; und ich fand etliche Flekken in der Grösse eines Kreutzers, die sehr roth und etwas erhoben waren, auch bei dem Berühren ihm Schmerzen verursachten. Es waren aber nur an beiden Schinbeinen, an beiden Ellenbogen und ein paar am Podex; auch sehr wenig. Er hatte Hitzen, und wir gaben ihm Schwarz Pulver und Margrafen Pulver*. Er schlief etwas unruhig. Den folgenden Freytag wiederholten wir die Pulver in der Frühe und Abends, und wir fanden, dass sich die Flecken mehr ausgebreitet hatten; sie waren obwohl grösser; doch nicht mehrer. Wir musten zu allen Herrschaften schicken, wohin wir schon auf 8 Täge hinausbestellt waren, und Tag für Tag absagen lassen. Wir fuhren fort das Margrafenpulver zu geben, und am Sonntag kam er in einen Schweiß, den wir uns gewunschen, dann bishero waren die Hitzen mehr Trucken..... Gott Lob, nun ist er so gut, dass wir hoffen, er werde Übermorgen, wo nicht Morgen an seinem Namens Tag, aus dem Bethe kommen, und das erstemal aufstehen.«

Auf der zweiten Reise befiel Wolfgang in Koblenz Ende September 1763 ein »Schnupfen oder Strauchen«, der sich »nun aber den 22.ten in der Nacht in einen förmlichen Catharr verwandelt hatte...«. Danach blieb die Familie Mozart bis Februar 1764 offenbar von Krankheiten verschont, dann aber berichtet Leopold seinem Freund Hagenauer am 22. Februar 1764 aus Paris: »Mich hat bald darauf eine gähe und unvermutete Begebenheit in einige Verlegenheit gesetzt.

* Beim »Schwarzpulver« handelte es sich um eine Mischung, die vorwiegend aus Hirschhorn, Myrrhen, Korallen, Regenwürmern, Froschherzen, Plazenta und weiteren mehr oder weniger appetitlichen Substanzen bestand und die Leopold von Fall zu Fall variierte. Das »Margrafenpulver« enthielt Eichenwurzel, Iriswurzel, Veilchenwurzel, Magnesiumkarbonat, Blattgold und anderes.

Abb. 3 Leopold Mozart mit Nannerl und Wolfgang 1763.
Aquarell von Louis Carrogis de Carmontelle.

Meinen lieben Wolfgang überfühle ein gählinges Halswehe und Carthar, daß er, da er den Carthar in der Frühe den 16ten merckte, in der Nacht ein solches stecken im Hals bekam, dass er in Gefahr war zu ersticken: Allein der Schleim, der ihm auf einmahl ledig wurde, und den er nicht herausbringen kunnte, fühle in den Magen zurück; Denn ich nahm ihn geschwind aus dem Bethe und führte ihn im Zimmer hin und wieder. Die Hitze, die ganz erstaunlich war, dämpfte ich nach und nach mit dem pulvre antispas: Hallen: und Gott Lob, in 4. Tagen stund er wieder vom Bethe auf, und befindet sich nun wieder besser.«

Im April 1764 kam man, von Seekrankheit während der Überfahrt über den Ärmelkanal abgesehen, wohlbehalten in London an. Anna Maria und die beiden Kinder blieben während des Englandaufenthalts gesund, während Leopold selbst im Sommer über Wochen bettlägerig war. Auf der Rückreise erkrankten dann Nannerl und Wolfgang lebensgefährlich. Man war gezwungen, mehrere Wochen in Den Haag Station zu machen, was für Leopold eine finanzielle Misere bedeutete, denn das in England mühsam zusammengebrachte Geld wurde dabei großenteils aufgebraucht. Am 12. Dezember 1765 schreibt er an Hagenauer: »Kaum war meine Tochter 8. Täge aus dem Bette und hatte gelernet allein über den Stuben-Boden zu gehen, so überfiel den Wolfgangerl den 15.Novb.: eine Unbässlichkeit, die ihn in Zeit von 4. Wochen in so elende Umstände setzte, dass er nicht nur absolute unkantbar ist, sondern nicht als seine zarte Haut und kleine Gebeine mehr an sich hat, und nun seit 5.Tägen aus dem Bette täglich in einen sessl gebracht wird; gestern aber und heute führten wir ihn ein paar mahl über das Zimmer, damit er nach und nach wieder die Füsse bewegen, und auch allein freystehen lernen möge. Sie möchten wissen was ihm gefehlet hat? Das weiß Gott! ich bin müde ihnen krankheiten zu beschreiben. Es fieng mit Hitzen an.

Kein schwarzes Pulver hatten wir mehr, wir gaben ihm demnach nach gewohnheit, 3.mahl hindereinander etwas Margrafen Pulver: allein es that keine Wirkung. Es schien eine Art eines hitzigen Fiebers zu seyn; und es war es auch.« Leopold läßt sich nun ausgiebig über die von ihm zusammengemixten Arzneien aus und fährt fort: »den 30.ten war er sehr gefährlich; Den 1.Decembris aber, war er besser und dann lag er 8. Täge ohne ein Wort zu sprechen....nachdem er fast 8. Tag geschlaffen, und nichts gesprochen; so kammen endlich die geister wieder etwas zu Kräften: alsdan sprach er tag und Nacht, ohne das man wuste, was es ware. Nun aber: Gott Lob: gehet es gut. Unter seiner Kranckheit muste man immer für die Zunge sorg tragen, die die meiste Zeit wie Holz so trocken und unrein ware und oft muste gesäubert werden;....«

Nannerls Erkrankung war noch schwerer gewesen, denn man hatte ihr bereits die letzte Ölung gegeben und an ihr Aufkommen nicht mehr geglaubt.

Im November 1766 erkrankte Mozart während seines Aufenthaltes in München. Leopold teilt Hagenauer am 15. November 1766 mit: »....unsere liebe Frau Hagenauerin wird sich erinnern, dass der Wolfgangerl nach unserer zurückkunft von Wienn krank geworden, und sehr übl war, so, dass man die Blattern förchten musste: und dass es sich am Ende durch die Füsse hinaus zog, an dem er schmerzen klagte etc.

Nun ist es eben so. Er konnte auf keinen Fuß stehen; keinen Zehen und keine knie bewegen; kein mensch dürfte ihm auf die Nähe kommen, und er konnte 4 nächte nicht schlafen, das nahm ihn sehr mit und setzte uns um so mehr in sorgen, weil immer, sonderlich gegen die Nacht Hitze und Fieber da waren, heunt ist es merklich besser allein es werden wohl noch 8 täge herum gehen, bis er wieder rech hergestellt ist.«

Um Leben und Tod ging es auch im Oktober 1767 während des Aufenthalts in Wien; dort grassierten die Pocken und fanden unzählige Opfer. Leopold schreibt darüber an Hagenauer am 10. November 1767:

»Te Deum Laudamus« Der Wolfgangerl hat die Blattern glücklich überstanden.
Und wo? — in Ollmitz
Und wo? — in der Residenz.«

Er schildert dann, wie sich die Familie Mozart in Wien bei einem Goldarbeiter einquartiert hatte, dessen Kinder bereits von den Blattern befallen waren, was man ihm aber verheimlichte. In panischer Angst wollte er mit der ganzen Familie sofort ausziehen, fand jedoch keine geeignete Bleibe. Um wenigstens seinen Sohn zu retten, floh er mit ihm zu einem Freund und ließ Frau und Tochter zunächst bei dem Goldarbeiter zurück. Als die Seuche weiter um sich griff, reiste er mit seiner Familie nach Brünn. »Wenn 10 Kinder auf den Todten Zetel stunden, so waren deren 9 die an den Blattern gestorben waren«, schreibt er und fährt fort, »Um zehn Uhr klagte der Wolfgang: seine Augen; allein, ich bemerckte, dass er einen warmen Kopf, heisse und sehr rothe wangen, hingegen Hände wie Eiß, so kalt hatte, die Puls war auch nicht richtig; wir gaben ihm also etwas Schwarz Pulver und legten ihn schlafen. die Nacht hindurch war er zimmlich unruhig, und die trockenen Hitzen hielten am Morgen immer noch an. Man gab uns 2. bessere Zimmer; wir wickelten den Wolfgang: in Beltze ein und wanderten also mit ihm in die anderen Zimmer. Die Hitze nahm zu; wir gaben ihm etwas Margrafen Pulver und Schwarz Pulver. Gegen dem Abend fieng er an zu phantasieren; und so war die ganze Nacht und der Morgen den 28.ten..... Nachmittags um 4 Uhr wurde der Wolfgang: in Lederne Lainlachen und Beltze eingepackt, und in den Wagen getragen, und so fuhr ich mit ihm in die Domdechantey. Den 29.ten sache man einige kleine rothe

Flecken, allein wir zweifeln alle noch an den Blattern, weil er nicht mehr viel Kranck ware; und er nahm nichts als alle 6. Stund ein Pulver. Den 30. und 31. an seinem Namenstage kammen die Blattern völlig heraus. ...So bald die Blattern heraus kammen, war alle alteration weg, und Gott Lob! er befand sich immer gut. Er war sehr voll, und, da er erstaunlich geschwollen, und eine dicke Nase hatte, und sich in Spiegel besache, so sagte er: nun sehe ich den Mayrl gleich, er verstunde den Herrn Musicum Mayr. Seit gestern fallen die Blattern da und dort ab; und alle Geschwulst ist schon seit 2. Tagen weg.«

Kurz darauf erkrankte auch Nannerl an den Pocken, aber schon am 29. November konnte Leopold erneut an Hagenauer melden: »Te Deum Laudamus! Meine Tochter hat die Blattern glücklich überstanden!« Nannerls Erkrankung verlief leichter als die des Bruders. So sah man bei ihr im Gegensatz zu ihm später auch kaum Blatternnarben.

Während der folgenden drei Italienreisen scheint Mozart kaum ernstlich krank gewesen zu sein; jedenfalls berichtet Leopold, von zwei Bemerkungen abgesehen, nichts darüber. Am 26. Januar 1770 teilt er seiner Frau mit: »Ich habe dir geschrieben, daß der Wolfg: Rothe Hände und ein rothes Gesicht von der kälte und vom feuer bekommen hat, alles ist wieder gut«, am 17. November 1770 erwähnt er den »gewohnten Zähnfluß.« Am 13. September 1771 fügt Mozart als Nachschrift zu einem Brief seines Vaters hinzu: »Ich schreibe nur deswegen, damit ich....schreibe: mir ist es zwar ungelegen, weil ich einen starken Katarrh und Strauchen habe....« Es ist das einzige Mal. daß er sich in seinen so köstlich humorigen und derben Nachschriften über eine Unpäßlichkeit äußert. Sonst betont er stets sein gutes Befinden und seinen Spaß an den Reiseerlebnissen. Hier einige seiner amüsantesten Bemerkungen:

»Wenn man die Sau nennt, so kommt sie gerent: ich bin

Abb. 4 Fürstbischof Siegmund Christoph von Schrattenbach um 1760.

Abb. 5 Fürstbischof Hieronymus Joseph Graf von Colloredo. Gemälde von Franz Xaver König.

wohlauf got lob und danck, und kan kaum die stunde erwarten, eine antwort zu sehen, ich küsse der mama die hand, und meiner schwester schick ich ein bladernades busel [pockennarbiges Küßchen; Anm. d. Verf.] und bleibe der nehmliche... aber wer?... der nehmliche hanswurst, Wolfgang in Teutschland Amadeo in italien De Mozartini« (Aus Mailand am 10. Februar 1770).

Am 17. Februar 1770, ebenfalls aus Mailand: »Da bin ich auch, da habts mich: du, Mariandl, mich freuet es recht von arsch weg dass du so erschröglich = = lustig bist gewesen....«

Am 2. Mai 1770 fügt Mozart einem Brief seines Vaters aus Rom an die Mutter an: »Ich bin Gott lob und danck gesund, und küsse der mama die hand wie auch meiner schwester das gesicht, nasen, mund, hals, und meine schlechte feder, und arsch wen er sauber ist.«

Aus Neapel am 5. Juni 1770: »Heunt raucht der Vesuvius starck, poz bliz und ka nent aini. haid homma gfresn beym H:Doll, des is a deutscher Compositeur, und a brawa mo....«

Besonders Sätze wie »Ich bin Gott Lob und danck gesund«, kehren in den Nachschriften immer wieder. Vater Leopold war dagegen während der Italienreisen einigemale ernstlich krank. In Mailand mußte er angeblich Anfang 1772 wegen eines »starken Reumatismo« mehrere Wochen das Bett hüten*.

Während des Aufenthaltes in München, im Dezember 1774, hatte Mozart stärkere Zahnschmerzen und mußte »6 tag mit geschwolenem Gesicht das Haus hüten«. Er selbst dazu in einer Nachschrift unter dem Brief seines Vaters vom 16. Dezember 1774:

»Ich habe zahnwehe johannes christostomus Wolfgangus

* Nach Braunbehrens täuschte Leopold die Krankheit, wie er später insgeheim seiner Frau gestand, nur vor, um seinen Aufenthalt in Mailand verlängern zu können.

Amadeus Sigismundis Mozartus Mariae annae Mozartae matri et sorori, ac amicis omnibus, praesertimque pulchris virginibus, ac freillibus, gratiosisque freillibus.«

Damit sind wir am Ende der brieflich dokumentierten Krankengeschichte des jungen Mozart. Inzwischen war er 19 Jahre alt, und da er die beiden nächsten Jahre bei den Eltern in Salzburg wohnte, kam es zu keinem Briefwechsel, und sonstige schriftliche Dokumente sind über diese Zeit nicht vorhanden.

Wir müssen einen Augenblick innehalten und die zitierten Briefstellen kurz erläutern, da sie Ausgangspunkt der so erbittert geführten Diskussionen sind, ob Mozart chronisch krank gewesen sei oder nicht. Betrachtet man die Dürftigkeit der verwertbaren medizinischen Aussagen, berührt es merkwürdig, mit welcher Apodiktik daraus diagnostische Schlüsse gezogen werden. Mittelpunkt der Diskussionen bildet die Frage, ob Mozart seit seiner Jugend an einer chronischen Nierenkrankheit litt und in deren Endstadium, einer Urämie (Nierenvergiftung), starb oder ob bei seiner tödlichen Krankheit ein »akutes rheumatisches Fieber« vorlag. Diese medizinisch ausgerichtete Auseinandersetzung nahm zu Beginn unseres Jahrhunderts ihren Anfang und wird immer noch, unabhängig von den wiederbelebten Vergiftungsmären, ausgetragen. Das Postulat, Mozart sei das Opfer eines chronischen Nierenleidens geworden, stellte Aloys Greither 1956 auf, indem er sich dabei auf entsprechende, schon 1906 geäußerte Vermutungen des französischen Arztes J. Barraud berief. Noch 1981 suchte Greither im Deutschen Ärzteblatt seine These ausführlich zu veranschaulichen. Demgegenüber vertrat der 1979 verstorbene Carl Bär, ein vorzüglicher Kenner der Biographie Mozarts, die Auffassung, Mozart sei das Opfer eines »akuten rheumatischen Fiebers« geworden. Seiner Meinung nach, hatte Mozart in seiner Jugend dreimal an einem »akuten rheumatischen Fieber« gelitten. Nachdem es sich dann mehr als zwei Jahrzehnte nicht mehr bemerkbar gemacht hätte, sei es 1791 akut rezidiviert. In der Zwischenzeit sei Mozart gesund gewesen.

Die Einzelheiten des Für und Wider der beiden Thesen zu diskutieren, würde den Rahmen unseres Kapitels sprengen. Es erübrigt sich auch deswegen, weil sie nicht durch Primärquellen zu belegen sind. Aus den Briefen Leopolds sind nur Krankheitssymptome herauszulesen, die man gewöhnlich bei den verschiedensten Kinder- und Infektionskrankheiten findet. Das von ihm geschilderte Vielerlei an Symptomen läßt an Scharlach, Diphterie, Masern, Angina lacunaris oder schwere Katarrhe des Nasen-Rachenraums ebenso denken wie an Bronchitis, Lungenentzündung und eine Reihe anderer bakterieller oder virusbedingter Krankheiten. Was die heutigen »Retrospektivdiagnostiker« übersehen, ist der bunte Verlauf, den alle diese Krankheiten in der Zeit nahmen, als man noch keine wirksamen Impfungen und keine Antibiotika kannte. Da wir sie in ihrer »klassischen« Form kaum noch sehen, müssen wir auf alte Lehrbücher zurückgreifen, um uns ein Bild davon zu machen. Jede Kinder- oder Infektionskrankheit konnte damals innerhalb weniger Tage tödlich ausgehen. Das Interessante an der Greither-Bär'schen Diskussion ist, daß ausgerechnet das »akute rheumatische Fieber«, — wohlgemerkt die Krankheit, die *wir* heute darunter verstehen—, oft weniger foudroyant verläuft als die anderen Infektionskrankheiten und sich über Wochen, ja Monate, hinzieht. Die Folgen äußern sich vielfach erst Jahre später, wenn sich etwa zurückgebliebene Herzklappenfehler bemerkbar machen.

Besondere Aufmerksamkeit fanden immer die »erhabenen roten Flecken«, die Leopold bei seinem sechsjährigen Sohn beschrieb, als er »den Hintern und die Füße« klagte. Man hat sie wohl zu Recht als »Erythema nodosum« gedeutet, und die Anhänger Greithers und Bärs sind sich darin sogar einig. Nur die Konsequenzen, die man diagnostisch daraus ziehen will, stimmen nicht. Greither, Bär und andere Autoren gehen davon aus, daß das Erythema nodosum eine für das akute rheumatische Fieber und die Tuberkulose spezifische Hauterscheinung sei. Es ist merkwürdig, wie lange sich eine derartige Behauptung halten konnte, denn — und das sollte heute jeder Medizinstudent wissen — das Erythema nodosum ist keineswegs für die beiden genannten Krankheiten spezifisch, sondern wird auch bei einer ganzen Reihe anderer Krankheiten gesehen. Spezifischer für ein »akutes rheumatisches Fieber« ist das »Erythema anulare«, das optisch allein schon deswegen nicht mit dem Erythema nodosum zu verwechseln ist, weil dessen charakteristische Erhabenheiten fehlen. Schwer verständlich ist es, daß Greither als Dermatologe (Hautarzt) von Rang dieses Problem außer acht ließ.

Fassen wir zusammen: Durch Dokumente verbürgt ist nur, daß Mozart in seiner Jugend die verschiedensten Kinderkrankheiten und eine Pockenerkrankung durchgemacht hat. Die gefährlichste davon dürfte ihn 1765 in Den Haag befallen haben. Hierbei lag möglicherweise eine lebensbedrohliche Lungenentzündung vor, und Mozart entging nur knapp dem Tod. Ein Anhalt für ein chronisches Leiden, gar eine chronische Nierenerkrankung, läßt sich in den Primärquellen nicht finden.

Parisreise und Wiener Jahre bis 1791

Mozart blieb bis Herbst 1777 im Dienst des Fürsterzbischofs Colloredo, aber es hielt ihn nicht in Salzburg, er drängte in die Welt hinaus. Da jedoch Colloredo seinem Vizekapellmeister Leopold Mozart nach so vielen Jahren der Abwesenheit jede eigene Reisetätigkeit untersagt hatte, kam man überein, daß die Mutter Maria Anna ihren Sohn auf eine über Mannheim führende Reise nach Paris begleiten solle. Es war eine verfehlte Entscheidung, denn Maria Anna, fast sechzig Jahre alt, war selbständiges Reisen nicht gewohnt. Sie sollte Salzburg nicht wiedersehen.

Ende September 1777 machten sich Mutter und Sohn auf den Weg. Mannheim mit seiner berühmt gewordenen »Mannheimer Schule« unter Christian Cannabich (1731-1798) war damals Anziehungspunkt für alle Musiker, und so blieb man dort den ganzen Winter. Mozart verliebte sich in die sechzehnjährige Aloysia Weber (1762-1830), fand bei ihr aber keine Gegenliebe. Aloysia heiratete 1780 den Schauspieler Joseph Lange, mit dem sie jedoch nicht glücklich wurde. Sie gehörte zu den berühmtesten Sängerinnen ihrer Zeit. Ihre sieben Schwangerschaften, während der sie, wie Lange in seinen Lebenserinnerungen schreibt, »öfter zum Sterben war«, hinderten sie nicht, bis jeweils kurz vor ihrer Niederkunft auf der Bühne zu stehen. Im Alter zog sie sich nach Salzburg zurück und starb dort recht einsam und arm. Mozart begnügte sich mit der weniger begabten und nicht so hübschen jüngeren Schwester Konstanze (1763-1842). Es ist manches Negative über sie geschrieben worden; sicher war sie auch keine besonders gute Hausfrau und dazu öfters kränklich, aber unglücklich war Mozart mit ihr keineswegs. Aus vielen seiner Briefe an sie läßt sich die tiefe menschliche und erotische Bindung, die zwischen den beiden bestand, herauslesen.

Abb. 6 Aloysia Weber.
Als Zemire in der Oper »Amor und Zemire« von
Andre Erneste Modeste Gretry. Nach einem Stich von J.E. Nilson.

Während der Wintermonate in Mannheim litt Mozart einmal an einer Erkältung, worüber er am 22. Februar 1778 seinem Vater schreibt: »Ich bin izt schon 2 täge zu hause geblieben, und habe Antispasmodisch und schwarz Pulver und hollerblüthe zum schwitzen eingenommen, weil ich Carthar, schnupfen, kopfweh, halsweh, augenweh und ohrweh gehabt habe....«

Mitte März 1778 brachen Mutter und Sohn nach Paris auf, wo sie am 23. März eintrafen. Maria Anna erkrankte im Juni akut und starb am 3. Juli 1778. Mozart schildert die tödliche Krankheit der Mutter in dem bekannten Brief vom 9. Juli 1778 an seinen Vater. Danach bestanden die Krankheitssymptome in unstillbaren Durchfällen, Fieber (Hitzen) und am Ende in einem Gehörsturz. Die Mutter dürfte demnach am ehesten das Opfer eines Typhus oder einer Ruhr geworden sein, Krankheiten, die damals endemisch in allen größeren Städten Europas grassierten und ihre Opfer forderten. Mozart selbst blieb während der ganzen Pariser Monate gesund; er hatte sich auch nicht bei der Mutter infiziert, obwohl er mit ihr zusammenwohnte. Als er erfolglos im Januar 1779 nach Salzburg zurückkehrte, mußte er froh sein, daß sein Vater dort für ihn die Stelle eines Hof- und Domorganisten erwirkt hatte.

Während einer Wienreise des fürsterzbischöflichen Ensembles, dem Mozart angehörte, kam es dann 1781 zu den für Mozart demütigenden Auseinandersetzungen mit dem Hofkämmerer Colloredos, Graf Arco. Er berichtet darüber seinem Vater: »Nein — da schmeist er mich zur thüre hinaus, und gibt mir einen tritt im hintern. — Nun, das heisst auf teutsch, dass Salzburg nicht mehr für mich ist; ausgenommen mit guter gelegenheit dem H.grafen wieder ingleichen einen tritt im arsch zu geben, und sollte es auf öfentlicher gasse geschehen.« Mozart quittierte den Dienst bei Colloredo und zog zu der Witwe Weber, die sich nach dem Tod

Abb. 7 Konstanze Weber, Ehefrau Mozarts.
Ölbild von Hans Hansen 1802.

Abb. 8 Wolfgang Amadeus Mozart.
Silhouette. Gestochen von Hieronymus Löschenkohl 1785.

Abb. 9 Wolfgang Amadeus Mozart.
Silberstiftzeichnung von Doris Stock 1789.

ihres Mannes mit ihren Töchtern in Wien niedergelassen hatte. Am 14. August 1782 heiratet er Konstanze.

Besonders schwierig ist es, sich ein Bild über Mozarts Krankengeschichte während der Jahre 1779 bis zum Herbst 1791 zu machen, da kaum Unterlagen dazu existieren. Das wenige Vorhandene läßt sich in Kürze zusammenfassen:

Während einer Reise nach München im November 1780, wo er den »Idomeneo« komponierte, hatte Mozart einen »Katarrh«, über den er seinem Vater am 22. November schreibt: »...ich glaube und hoffe aber er wird sich bald flüchten, den die 2 leichten Curaßier Regimenter Rotz und schleim gehen so immer Nach und nach weg.«

Drei Jahre später, am 7. Juni 1783, teilt Mozart seinem Vater aus Wien mit: »Gott lob bin ich wieder ganz hergestellt! — Nun hat mir meine krankheit einen cathar zum andenken zurückgelassen; das ist doch hüpsch von ihr!«

In einem Brief Leopolds vom 14. September 1784 an seine inzwischen in St. Gilgen verheiratete Tochter Nannerl heißt es: »Mein Sohn war in Wien sehr krank, — er schwitzte in der neuen opera des Paesiello durch alle Kleider, und musste durch die Kalte Luft erst den Bedienten anzutreffen suchen, der seinen Überrock hatte, weil unterdessen der Befehl ergieng keinen Bedienten durch den ordentlichen Ausgang ins Theater zu lassen, dadurch erwischte nicht nur er, sondern manche andere Personen ein Revmatisches fieber, das, wenn man nicht gleich dazuthat, in ein faulfieber ausartete. Er schreibt: ich habe 4 Täge nacheinander zur näm: Stunde rasende Colique bekommen, die sich allzeit mit starkem Erbrechen geendet hat; nun muss mich entsetzlich halten. Mein Doctor ist H:Sigismund Barisani der ohnehin die Zeit, als er hier ist, fast täglich bey mir war; er wird hier sehr gelobt, ist auch sehr geschickt, und sie werden sehen, dass er in kurzem sehr avancieren wird.«

Von Barisani selbst hat sich eine Eintragung in Mozarts

Stammbuch vom 14.4.1787 erhalten, in der es u.a. heißt:

»Wenn deine Kunst, in der dir nur
ein Bach, ein Joseph Haydn gleicht
Dir längst verdientes Glück erwirbt,
Vergiss da deines Freundes nicht,
Der sich mit Wonne stets und stets
Mit Stolz erinnern wird, dass er
Als Arzt dir zweymal hat gedient,
Und dich der Welt zur Lust erhielt,
Der aber noch weit stolzer ist
Dass du sein Freund bist so wie er.

Dein Freund Sigmund Barisani
Physicus Primarius im allgemeinen
Krankenhaus.«

Barisani starb noch im gleichen Jahr im Alter von 29 Jahren.

In zwei Schreiben an seinen Logenbruder Michael Puchberg klagt Mozart 1790: »Ich würde selbst zu Ihnen gekommen seyn, allein mein Kopf ist wegen reumatischen Schmerzen ganz eingebunden, welche mir meine Laage noch fühlbarer machen.« (8. April). Und: »So leidentlich als es mir gestern war, so schlecht geht es mir heute; ich habe die ganze Nacht nicht schlaffen können vor schmerzen, ich muß noch gestern von vielm erhitzt und dann unwissend erkältiget haben; stellen sie sich meine Laage vor — krank und voll kummer und Sorge — eine solche Laage verhindert auch die Genesung um ein merkliches.« (14. August). Mozart war um diese Zeit bei Puchberg hoch verschuldet.

Endlich ist noch eine fragliche Notiz Mozarts an Wenzel Graf Paar vom Januar 1786 (?) zu erwähnen, in der er über starke Kopfschmerzen und »Magenkrampf« schreibt, weswegen er nicht zu einer Feierlichkeit kommen könne.

Das ist alles, was wir an Primärquellen besitzen, denn der oft zitierte, von tiefer Resignation und Todesahnungen erfüllte Brief vom September 1791 ist in seiner Echtheit sehr umstritten. Er ist in italienischer Sprache verfaßt und enthält weder eine Anschrift, noch eine Unterschrift. Vor allem ist das Original nie bekannt gewesen, sondern nur eine Abschrift, und selbst diese ist längst verschollen. Im Kommentarband der Gesamtausgabe von Mozarts Briefen heißt es denn auch: »Quelle und Vermutungen reichen nicht aus, um den Brief als echt anzuerkennen....«

Was läßt sich somit zu Mozarts Krankengeschichte von 1775-1791, in immerhin einem Zeitraum von 16 Jahren, aussagen? Nur soviel, daß er zweimal ernstlich über mehrere Tage erkrankt gewesen sein muß, das eine Mal mit »rasender Colique und starkem Erbrechen«, das andere Mal aus unbekannter Ursache. Was sich hinter der »rasenden Colique mit starkem Erbrechen« verbarg, kann man nur vermuten. Von einer akuten infektiösen oder toxischen Magen-Darmerkrankung über eine Gallensteinkolik, einer akuten Blinddarmentzündung (bei der er glimpflich davongekommen wäre), einem durchgebrochenen Zwölffingerdarmgeschwür, bis zur Nierensteinkolik, — es ist alles möglich. Fest steht, daß die akuten Symptome jeweils innerhalb einiger Tage abklangen.

Bei den Beschwerden, die Mozart Puchberg schildert, ist seine hohe Verschuldung zu berücksichtigen, die alle Veranlassung dazu gab, sich bei diesem möglichst nicht sehen zu lassen.

Die letzten Monate

Was besitzen wir an Dokumenten über die letzten Lebensmonate Mozarts, womit seine Kränklichkeit, seine ständigen Depressionen und seine Todesahnungen angeblich belegt werden? Man sucht sie deswegen vergeblich, weil sie nicht existieren. Alles, was diesbezüglich zu Papier gebracht worden ist, stammt aus späteren Jahren bis Jahrzehnten und wurde von Personen, die Mozart noch gekannt haben, aus dem Gedächtnis niedergeschrieben. Aus Mozarts Todesjahr liegen an Primärquellen nur seine eigenen Briefe vor, und es sind nicht wenige. Sie lassen einen so ganz anderen als kranken, depressiven und vom Tode gezeichneten Mozart erkennen. Er macht darin seine Späße, ja flachst geradezu und verdrängt seine finanzielle Misere mit 3000 Florin Schulden und der Verpfändung des Mobiliars. Da darauf bei den Diskussionen um Mozarts letzte Lebensmonate wenig Bezug genommen wird, seien hier einige charakteristische Stellen wiedergegeben. Sie entsprechen dem Grundtenor fast der gesamten Briefe, wovon sich jeder Interessierte an Hand der Gesamtausgabe von Mozarts Briefen selbst überzeugen kann.

So schreibt Mozart Ende Mai 1791 an Anton Stoll, Chorregent in Baden bei Wien, (Konstanze sollte wieder einmal zur Kur dorthin fahren), u.a.:

»Liebster Stoll
seyens kein Schroll
1mo möchte ich wissen ob gestern Stadtler bey ihnen war, und die Messe von mir begehret hat?...

2do bitte ich sie für meine Frau eine kleine Wohnung zu bestellen;...« Es folgen ausführliche Details über die Art der zu bestellenden Wohnung. Dann »P.S. das ist der dumste Brief den ich in meinem Leben geschrieben habe; aber für Sie ist er Just recht.«

Einem am 6. Juni 1791 an Konstanze in französischer Sprache geschriebenen Brief fügt Mozart hinzu:

»— mich freuet es dass du guten Apetit hast — wer aber viel frisst muss auch viel sch...? — Nein, viel gehen wollt ich sagen. — doch ist es mir lieb wenn du grosse Spatziergänge nicht ohne mich machest. Thue nur alles was ich dir rathe, es ist gewis vom Herzen gemeint. adieu — liebe — einzige! — fang du auch auf in der luft — es fliegen 2999 und ein ½ busserl von mir, die aufs aufschnapen warten. — Nun sag ich dir etwas ins ohr. ——— du nun mir. ——— nun machen wir das Maul auf und zu ——— immer mehr und mehr —— endlich sagen wir; es ist wegen Plumpi-Strumpi —— du kannst dir nun dabey denken was du willst. —«

Am 11. Juni 1791 heißt es in einem Brief an Konstanze: »....aus lauter langer Weile habe ich heute von der Oper eine Arie componirt — ich bin schon um halb 5 Uhr aufgestanden...«

Am 24. oder 25. Juni 1791 an Konstanze: »Ich schreibe Dir jetzt und in Eile, weil ich dem Leitgeb eine Ueberraschung mache und zum Frühstück hinausgehe...«. Nachschrift: »Dem Snai einen Arsch voll Complimente — er soll dem N.N. brav Verdruss machen.«

Endlich am 3. Juli 1791 an Konstanze:

»liebstes, Bestes HerzensWeibchen! —

Ich habe deinen Brief mit dem Montecucoli richtig erhalten... — mich freuet nur dass du dich wohl befindest, liebes Weiberl — ... — was meine Gesundheit anbelangt befinde ich mich recht wohl...«

Echter Übermut spricht aus dem Brief an Anton Stoll vom 12. Juli 1791:

»liebster Stoll
bester knoll
grosster Schroll
bist sternvoll
gelt, das Moll
thut dir Wohl?«

Es folgen Anweisungen, Noten nach Wien zu schicken. Dann fügt Mozart mit verstellter Handschrift hinzu: »Bester Herr v Schroll Setzen Sie uns nicht an sonst sitzen wir in dreck meine herzlich zärtliche Handschrift giebt Zeuge ab... ich bin ihr ächter freund

franz Süssmayer Scheisdreck

Scheishäusl den 12. Juli«

Auch die beiden letzten Briefe Mozarts vom 7. August und vom 14. Oktober 1791 sind im Ton ähnlich. Im ersten heißt es: »...der friseur ist accurat um 6 uhr gekommen — und Primus hat schon um halb 6 uhr eingefeuert, und mich um ¾ geweckt....«

Und am 14. Oktober: »...eben ist Leitgeb und Hofer bei mir; — erster bleibt bey mir beym Essen, ich habe meinen treuen Kameraden Primus eben um ein Essen ins Bürgerspital geschickt; ...ich bin am liebsten zu Hause, weil ich meine Ordnung schon gewohnt bin dieß einzige Mahl hat mich ordentlich übeler Humor angeregt... aber dass du 2 Tage nich geschrieben, ist unverzeihlich, heute hoffe aber gewiss Nachricht von dir zu erhalten. und Morgen selbst mit dir zu sprechen und dich von Herzen zu küssen. Leb wohl ewig dein Mozart.«

Damit verstummt Mozart. Weitere schriftliche Äußerungen von ihm sind nicht erhalten.

Krankheit und Tod

Über Mozarts letzte Krankheit und seinen Tod gibt es nur drei echte Primärquellen: die Eintragungen im Sterberegister der Domkanzlei von St. Stephan, die im Totenbuch und das Totenschauprotokoll. Als Todesursache ist »hitziges Frieselfieber« angegeben. Alles übrige stützt sich, es sei nochmals betont, ebenso wie das wenige, das wir, von seinen eigenen Briefen abgesehen, über seine letzten Lebensmonate wissen, auf Äußerungen von Personen, die Mozart zwar noch selbst gekannt hatten, deren Erinnerungen aber erst mehr als dreißig Jahre später schriftlich fixiert wurden. Sie

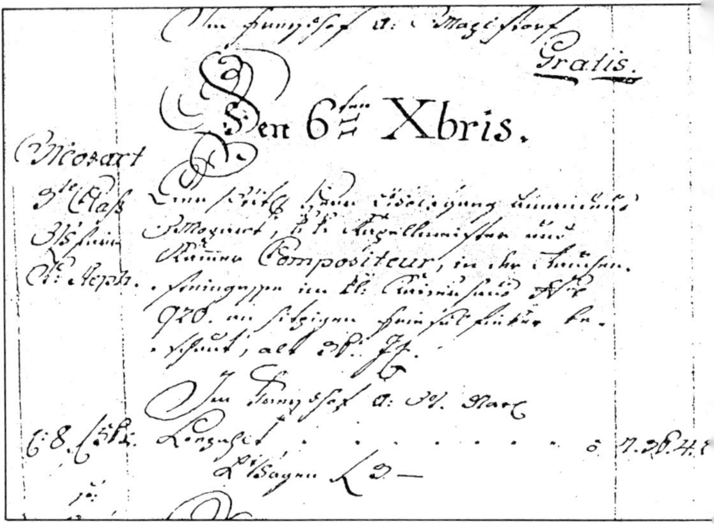

Abb. 10 Aus dem Totenbuch der Pfarre St. Stephan.
Der Titel lautet: Den 6ten Xbris. Der Titl Herr Wolfgang Amandeus Mozart k.k. Kapellmeister und Cammer Compositeur, in der Rauchensteingassen im kl. Kaiserhaus Nro 970, an hitzigem Friesel Fieber beschaut, alt 36 Jr.

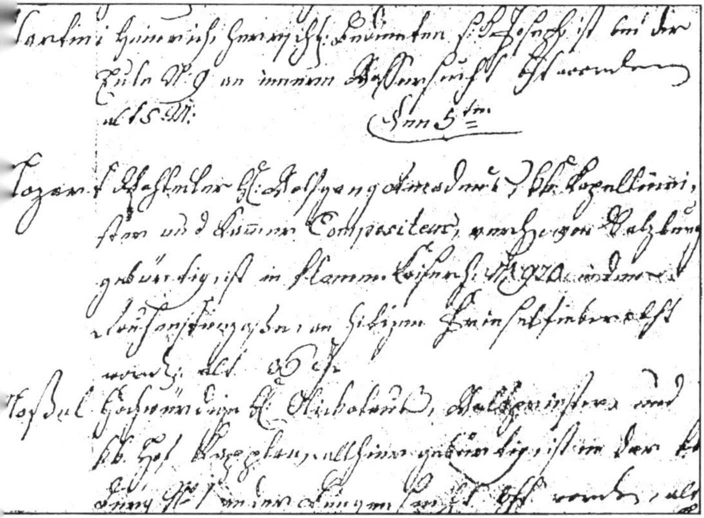

Abb. 11 Aus dem Totenschau-Protokoll.
Der Titel lautet: Mozart Wohledler Hl: Wolfgang Amadeus, kk. Kapellmeister und Kammer Compositeur, verh.: von Salzburg gebürtig, ist im kleinen Kaiserh: No. 970 in der Rauhensteingasse, an hitzigem Frieselfieber bht worden: alt 36.

sind entsprechend widersprüchlich. Das Wesentliche daraus sei zitiert.

Als Hauptzeugen dienen Konstanze und vor allem ihre Schwester Sophie Haibel, die ihrem Schwager Georg Nikolaus von Nissen für seine Mozartbiographie am 7. April 1825 (!) einen ausführlichen schriftlichen Bericht schickte. Zuvor hatte lediglich Franz Xaver Niemeczek, der Verfasser der ersten, 1798 erschienenen Mozartbiographie, kurz die Umstände um Mozarts Tod gestreift. Er meinte, ihn darauf zurückführen zu können, daß Mozart am liebsten nachts musizierte und komponierte, und sein »fein organisierter Körper« darunter leiden mußte. »Sein früher Tod«, so Niemeczek, »(wenn er ja nicht auch künstlich befördert war), muß diesen Ursachen hauptsächlich zugeordnet werden.« Bei dem »künstlich befördert« dürfte eine Anspielung auf die Vergiftungsgerüchte vorliegen.

Sophie Haibel schreibt dann 1825: »Nun als Moz: Erkrankte, machte wir beyde [sie und Konstanze] jhm die Nacht Leibel, welche Er vorwärts anzihen könte weil er sich vermög geschwulst nicht trehen könte, und weil wir nicht wusten wie Schwehr Kranck er seie, machten wir jhm auch einen Watirten Schlaf Rock....« Da Mozart sich zwischenzeitlich besser fühlte, wollte Sophie einen ihrer täglichen Besuche auslassen, ging aber, von einer bösen Ahnung erfüllt, doch zu dem Kranken: »Ach Gott wie Erschrak ich nicht als mir meine halb Verzweiflende, und doch sich Modoriren wollende Schwester entgegen kam und sagte Gott Lob Liebe Sophie dass du da bist, heute Nacht ist er so schlecht geweßen, daß ich schon dachte er erlebt diesen Tag nicht mehr, bleibe doch nur heute bey mir den wen er heute wieder so wird so Stirbt er auch diese Nacht, gehe doch einwenig zu jhm, waß er macht, ich suchte mich zu faßen, u ging an sein Bette, wo Er mir gleich zu rüffte, ach gut Liebe Sophie daß Sie da sind, Sie müßen heute Nacht da bleiben, Sie müßen

Abb. 12 Die Rauhensteingasse in Wien mit dem heute nicht mehr erhaltenen Sterbehaus Mozarts. Aquarell von J. Wohlgemuth, um 1820.

mich Sterben sehen, ich suchte mich stark zu machen, u jhm es aus zu reden allein er erwiederte mir auf alles, ich habe ia schon den Todten scheschmack auf der Zunge...«. Sophie berichtet dann, wie sie nochmals zu ihrer Mutter gegangen sei und daß bei ihrer Rückkehr »Sissmaier« bei Mozart war und fährt fort: »Glosett der Docter wurde Lange gesucht, auch im Theater gefunden allein Er muste das Ende der Pieße abwarten — dan kam Er und Verordnete jhm noch Kalte Umschläge über seinen glühenden Kopfe welche jhn auch so erschitterten, daß Er nicht mehr zu sich Kam bis er nicht Verschieden, sein Letztes war noch wie Er mit dem Munde die Paucken, in seinem Requem aus Trüken wolte, daß höre ich noch iez.«

Nissen ergänzte diesen Bericht noch durch eine weitere Aussage der Schwägerin, wonach diese meinte: »Mozart sey in seiner Krankheit nicht zweckmäßig genug behandelt worden, denn statt daß man auf andere Weise das Frieseln noch mehr heraustreiben sollte, hätte man ihm zur Ader gelassen und kalte Umschläge auf den Kopf gemacht, worauf die Kräfte zusehens geschwunden und er in Bewußtlosigkeit gefallen sey, aus der er nicht wieder zu sich kam....«

Nissen faßt in seiner Biographie das, was ihm Konstanze erzählt und Sophie Haibel niedergeschrieben hatte, folgendermaßen zusammen: »Seine Todeskrankheit wo er bettlägerig wurde, währte 15 Tage. Sie begann mit Geschwulst an Händen und Füßen und einer beynahe gänzlichen Unbeweglichkeit: Derselben der später plötzlich Erbrechen folgte, welche Krankheit man ein hitziges Frieselfieber nannte. Bis zwey Stunden vor seinem Verscheiden blieb er bei vollkommenem Verstande.«

Eine weitere in den letzten Jahren viel zitierte Quelle haben wir in dem gemeinsamen Tagebuch des englischen Ehepaars Vincent und Mary Novello vor uns. Die Aufzeichnungen der Novellos erschienen erstmals 1955 in deutscher

Sprache. Das Ehepaar war im Jahre 1829 nach Salzburg gereist und hatte seine Reiseeindrücke, die unter dem Titel »A Mozart Pilgrimage« erschienen, in loser Reihenfolge niedergeschrieben. In Salzburg benutzten die Novellos die Gelegenheit, die inzwischen 66 Jahre alte Konstanze und Mozarts erblindete 78jährige Schwester Nannerl zu besuchen. Mary notiert am 15. Juli 1829 über einen Besuch bei Konstanze: »Der Sohn [Mozarts Sohn Franz Xaver Wolfgang] stellt es in Abrede, daß er [Salieri] Mozart vergiftet habe, obwohl der Vater daran glaubte und es Salieri in seinen letzten Tagen gestand... Ungefähr 6 Monate vor seinem Tode kam Mozart der furchtbare Gedanke, daß ihn jemand mit Aqua toffana* vergiften wolle — er kam eines Tages zu ihr [Konstanze] und klagte über große Schmerzen in den Lenden und allgemeine Mattigkeit — einer seiner Feinde habe ihm die verderbliche Mixtur beigebracht, die ihn töten würde, und sie könnten den Zeitpunkt seines Todes genau und unweigerlich berechnen.«
Wenige Seiten später notiert Mary allerdings: »Es ist offenbar, daß Überarbeitung den frühen Tod Mozarts herbeigeführt hat... Er spielte sehr gern Billard, aber er komponierte während des Spiels... Not und Pflicht erzeugten diese Gewohnheit, die seinen Körper erschöpfte und seinen Tod herbeigeführt haben würde, hätte ihn nicht das Fieber plötzlich dahingerafft«. Interessanterweise ergänzt Vincent Novello diese Bemerkungen Marys nicht, während er das anderweitig häufig tut.

* Aqua tofana setzte sich, soweit man weiß, hauptsächlich aus Arsenik, Antimon und Blei zusammen und wurde von der Giftmörderin Teofania di Adamo, hingerichtet 1633 in Palermo, benutzt. Angeblich genügten 5-6 Tropfen des klaren, geschmacklosen und geruchlosen Gifts, um den Tod herbeizuführen. Unbekannt ist es, ob dieser sofort oder erst nach einiger Zeit eintrat.

Die wichtigste Quelle über Mozarts letzte Erkrankung und die Umstände seines Todes besitzen wir in dem Gutachten des Arztes Dr. Guldener von Lobes, das dieser auf Veranlassung des Rechtsanwalts und Freundes von Salieri, Giuseppe Carpani, im Herbst 1824 verfaßte. Es ist bezeichnend für die Diskussion um Mozarts Tod, daß ein derart fachlich fundiertes Gutachten entweder totgeschwiegen oder als belanglos abgetan wurde. Erklärlich ist es nur deswegen, weil einerseits sein Inhalt schlecht zu den verschiedenen Legendenbildungen paßt und andererseits die darin verwandte Nomenklatur der alten Wiener medizinischen Schule heute nicht nur einem Laien, sondern auch den Medizinern unverständlich geworden ist. Guldener schreibt, ins Deutsche übersetzt (das Original ist in Italienisch verfaßt): »Mit Vergnügen teile ich Euer Gnaden alles mit, was über die Krankheit und den Tod Mozarts bekannt ist. Er erkrankte im vorgerückten Herbst an einem rheumatischen Entzündungsfieber, das zu jener Zeit, da es unter uns fast allgemein war, viele Personen befiel.Ich erfuhr es erst nach einigen Tagen, als sich sein Zustand schon ziemlich verschlimmert hatte. Ich besuchte ihn um verschiedener Rücksichten willen nicht, aber erkundigte mich über ihn bei Herrn Dr. Closset, mit dem ich sozusagen alle Tage zusammentraf. Der hielt die Krankheit Mozarts für gefährlich und fürchtete von Anfang an einen schlimmen Ausgang, insbesondere eine Absetzung im Kopfe. Eines Tages traf er den Dr. Sallaba und er sagte ihm auf das bestimmteste, Mozart ist verloren, es ist nicht mehr möglich, die Absetzung aufzuhalten. Sallaba teilte mir diese Bemerkung sofort mit und in der Tat starb Mozart einige Tage danach mit den gewohnten Symptomen einer Absetzung im Kopfe.«

Guldener legt dann dar, daß es Dr. Closset sicher nicht entgangen wäre, wenn bei Mozart nur die geringste Spur einer Vergiftung vorgelegen hätte und fügt hinzu: »Die Krank-

Abb. 13 Doktor Eduard Guldener von Lobes.
Kupferstich von Joseph Eisner nach einer Zeichnung von Lange.

heit nahm ihren gewohnten Verlauf und hatte ihre gewohnte Dauer. Closset hatte sie so richtig beobachtet und erkannt, daß er den tödlichen Ausgang fast auf die Stunde vorausgesagt hatte. Die Krankheit befiel zur gleichen Zeit verschiedene Einwohner Wiens und hatte bei manchem den gleichen tödlichen Ausgang und die gleichen Symptome wie bei Mozart«.*

Guldener schließt sein Gutachten mit der Bemerkung: »Die genaue Besichtigung der Leiche zeigte nichts Außergewöhnliches«.

In einem Brief an Sigismund Neukomm (1778-1858), einen Schüler Joseph Haydns, äußerte Guldener im gleichen Jahr: »Ich sah den Körper [Mozarts] nach dem Tode und er zeigte keine Erscheinungen außer denen in solchen Fällen gewöhnlichen.«

Es bleibt noch die Notiz des kurländischen Arztes Dr. Karl von Bursy, der 1816 Wien besucht hatte, zu erwähnen, die lautet: »Der berühmteste Arzt der Stadt [gemeint ist Dr. Closset] hielt Mozarts Krankheit für entzündlich und ließ die Ader öffnen.«

Auf die mehr als zweifelhaften, 1856 in einer Tageszeitung publizierten Erinnerungen des schon 1823 verstorbenen Dieners Joseph Deiner einzugehen, erübrigt sich deswegen, weil sie nicht mehr als Quellenmaterial anzusehen sind und keine wesentlichen, über das Bekannte hinausgehende Informationen enthalten.

* Guldener betont also zweimal das Epidemische der akuten Krankheit, die Mozart befallen hatte. In Ergänzung dazu findet sich in der vierbändigen Brahms-Biographie von Max Kalbeck, anläßlich einer Influenza Erkrankung Brahms' Ende 1889, folgende Bemerkung: »...'dann wird es Ihnen [Brahms, der keine Arzneien einnehmen wollte] ergehen wie vor hundert Jahren Mozart'. In einer alten Musikzeitung von 1791 hatte ich gerade die Notiz gefunden, daß Mozart an einer bösen Influenza, die in Wien viele Opfer forderte, gestorben sei.«

Die Ärzte und ihre Diagnosen

Was also läßt sich den zitierten Quellen entnehmen? Zunächst, daß zwei der führenden Ärzte Wiens Mozart während seiner letzten Krankheit betreuten, nämlich Dr. Thomas Franz Closset, und konsiliarisch dessen jüngerer Kollege und Freund Dr. Matthias Edler von Sallaba. Nicht nur damals, auch heute noch zieht der behandelnde Arzt bei schwierigen Krankheitsfällen gerne einen erfahrenen Konsiliarius hinzu. Guldener von Lobes, der Verfasser des späteren Gutachtens, hatte Mozart dagegen auf seinem Krankenlager nicht gesehen, sondern nur seinen Leichnam.

Dr. Thomas Franz Closset, geb. 1754, war ein Schüler des bekannten Wiener Klinikers Maximilian Stoll (1742-1788). Er galt als einer der gesuchtesten Ärzte Wiens, der nicht nur praktizierte, sondern sich auch literarisch hervortat. So hatte er eine Abhandlung über das »Faulfieber« geschrieben, die 1783 erschienen war. Seit 1788 war er Leibarzt des Staatskanzlers Fürst Kaunitz, daneben Konsiliarius der kaiserlichen Familie. Er starb hochangesehen 1813. Dr. Matthias Edler von Sallaba war 1764 geboren und ebenfalls ein Schüler Stolls. 1787 hatte er eine Praxis in Wien eröffnet und sich bald einen ausgezeichneten Ruf erworben. 1797 wurde er zum 5. Primararzt des Allgemeinen Wiener Krankenhauses ernannt, starb aber bereits im gleichen Jahr, noch keine 34 Jahre alt. Sallaba war ebenfalls Verfasser medizinischer Werke. In Mozarts Todesjahr war gerade seine Abhandlung »Historia Naturalis Morborum«, seinem Freund Thomas Closset gewidmet, erschienen.

Auch Dr. Guldener von Lobes (1763-1827) war ein Arzt von Rang. Er hatte sich 1790 in Wien niedergelassen, wo er später »Stadtphysikus« wurde. Er, der gleichfalls der Schule Maximilian Stolls angehörte, besaß die besondere Hochschätzung Sallabas, der ihn einmal als seinen »trefflichen Freund und berühmten Doktor« bezeichnete.

Nun aber einige Worte zu dem erwähnten Lehrer der drei, Maximilian Stoll. Obwohl noch keine zweihundert Jahre darüber hingegangen sind, erscheint uns dessen Krankheitslehre und medizinische Nomenklatur ferner als die der griechischen und römischen Ärzte. Stoll, der nur 45 Jahre alt wurde, war Primararzt am »Dreyfaltigkeitsspital« in Wien und seit 1776 Nachfolger Anton de Haens (1704-1776) auf dem Lehrstuhl für praktische Heilkunde. Mit seiner Krankheitslehre, die er in einem dreibändigen Werk »Ratio medendi« niederlegte (zwei weitere Bände gab nach seinem Tod sein Schüler Eyerel heraus), griff er auf die alte Säftelehre (Humoralpathologie) zurück. Das entsprach, am Beginn des naturwissenschaftlichen Zeitalters, mehr einem Rück- als einem Fortschritt. Seine Lehre fand jedoch derartigen Anklang, daß bei ihm Schüler aus ganz Europa zusammenströmten, um an seinen Vorlesungen und Demonstrationen teilzunehmen.

Nach den Vorstellungen Stolls entstand eine Krankheit durch das Vorhandensein einer »Materia peccans«, einer üblen, krankmachenden Materie, die je nach Art eines Leidens in einem bestimmten Organ »heranreifte«, um sich am Ende dort »abzusetzen«. Die »Materia peccans« ließ sich somit für alle nur möglichen Krankheiten verantwortlich machen. Das Fatale der so bestechend einfach erscheinenden Krankheitslehre war aber die therapeutische Konsequenz, die Stoll daraus zog. Es galt, die »Materia peccans« aus dem Körper zu entfernen, wozu er sich dreier Methoden bediente: des Aderlassens, der Verabreichung von Brechmitteln und des Purgierens, also der Darmentleerung mittels Klistieren und Abführmitteln. Derartige Gewaltkuren, die man in einem unglückseligen gedanklichen »circulus vitiosus« dem Kranken um so intensiver zumutete, je schlechter es

Abb. 14 Maximilian Stoll (1742-1788),
der klinische Lehrer von Closset und Sallaba.
Bildarchiv des Inst. f. Gesch. d. Medizin, Wien.

CELEBERRIMO VIRO

THOMÆ CLOSSET

MEDICO SAGACISSIMO

S. P. D.

M. DE SALLABA.

Si amicorum noſtrorum meritis nos ſimul proficimus, hoc meum opus honeſtius & majori cum decore non prodiiſſet, quam ſub nominis Tui præſidio.

CO-

Abb. 15 Widmungsseite von Sallabas »Historia Naturalis Morborum«. Zentralbibliothek Zürich.

ihm ging, führten naturgemäß zu einer oft tödlichen Schwächung. Es kam zum Verlust großer Mengen Flüssigkeit und lebenswichtiger Mineralstoffe, von hochgradigen Anämien (Blutarmut) ganz abgesehen. Kein Wunder, daß ein solches therapeutisches Vorgehen bald die Kritiker auf den Plan rief, voran den englischen Arzt John Brown (1745-1821), der gegen die »ausleerenden und schwächenden Mittel« wetterte und sie zugunsten von »stärkenden Mitteln« (darunter übrigens auch Alkohol) ersetzt wissen wollte (siehe dazu auch die Kapitel »Beethoven« und »Chopin«, Bd. I). Nach Wien drang seine Lehre aber erst einige Jahre nach Mozarts Tod, besonders als der in der Medizingeschichte so bedeutende Johann Peter Frank (1745-1821) nach dort gekommen war.

Closset und Sallaba sahen somit die Ursache von Mozarts Krankheit in einer Ausbreitung der »Materia peccans« in die verschiedensten Organe und fürchteten am Ende deren »Absetzung im Kopf«, was ihrer Meinung nach den Tod hervorrief. Das war aber nur die pathophysiologische Vorstellung (= die Vorstellung von den krankhaften Lebensvorgängen und deren Ursachen). Laut Guldener von Lobes stellten sie als klinische Diagnose die eines »rheumatischen Entzündungsfiebers«. Aber was verstanden die Vertreter der alten Wiener medizinischen Schule darunter? Sicher ist es, daß dieser Begriff mit dem, was wir heute damit verbinden, nichts mehr zu tun hat. Für uns ist das »rheumatische Fieber« gleichbedeutend mit dem akuten Gelenkrheumatismus, eine im Erwachsenenalter seltenere, bei Kindern häufigere Erkrankung mit Fieber und äußerst schmerzhaften wandernden Schwellungen der Gelenke. Es gilt als sogenannte Zweiterkrankung nach Streptokokkeninfektionen. Das »rheumatische Entzündungsfieber«, wie es Guldener, Sallaba und Closset verstanden, läßt sich dagegen nur im Rahmen der Stollschen Lehre von der epidemischen Krankheitskonstitution definieren, wonach es die verschiedensten Fieber, wie Gallenfieber, epidemisches Fieber oder Witterungsfieber gab (man maß Witterungseinflüssen große Krankheitsbedeutung zu). Das »rheumatische Entzündungsfieber« war darunter nichts anderes als ein Sammelbegriff für Krankheiten, die man im einzelnen diagnostisch noch nicht abzugrenzen vermochte. Magen-Darmerkrankungen fielen ebenso darunter wie Herz- und Lungenleiden, Nasen- und Ohrenleiden oder gar Zahnschmerzen. Natürlich zählte man besonders Krankheiten dazu, die mit Gelenkbeschwerden (rheuma=Fluß) einhergingen. Stoll sah das »rheumatische Fieber« als »galligen Ursprungs« an, eine Vorstellung, die allein schon seine für uns nicht mehr nachvollziehbaren Denkkategorien charakterisiert.

Die von den drei Ärzten gestellte Diagnose eines »rheumatischen Entzündungsfiebers« weicht nun von der im Totenschauprotokoll und im Sterberegister als Todesursache angegebenen ab. Dort ist zu lesen, daß Mozart an einem »hitzigen Frieselfieber« gestorben sei. Schließen sich die beiden Diagnosen gegenseitig aus? Keineswegs! Unter »Frieselfieber« faßte man seinerzeit alle Spielarten der Fieberexantheme (durch Fieber bedingte Hautausschläge) zusammen, wobei man die Bezeichnung »Fieber« nicht streng im heutigen Sinn verstehen darf. Von Fieber sprach man, wenn sich ein Patient heiß anfühlte, schwitzte und einen schnellen Puls hatte. Objektives Fiebermessen, wie wir es heute kennen, gab es nicht. Der Vorgänger Stolls auf dem Lehrstuhl für praktische Heilkunde in Wien, Anton de Haen, hatte zwar in seinem Krankenhaus schon Messungen der Körpertemperatur mit einem Thermometer angestellt, das war jedoch umständlich und blieb eine Ausnahme. Konsequente Fiebermessungen mit brauchbaren Thermometern führte erstmals Carl Reinhold August Wunderlich (1815-1877) Mitte des letzten Jahrhunderts an seiner Leipziger Klinik durch.

Die Fieberexantheme waren ungeheuer bunt und überlagerten für das Auge oft die eigentliche Krankheit.In ihren vollen Erscheinungsformen bekommen wir sie, dank der modernen Therapie, kaum mehr zu Gesicht. Noch 1845 schrieb der Münchner Arzt Franz Seitz ein mehr als 400 Seiten starkes Werk über den »Friesel«. Er gibt uns eine gute Übersicht darüber, was man alles unter »Frieseln« verstand. Genau genommen konnten sich dahinter alle Krankheiten, die die innere Medizin kennt, verbergen, besonders akute Infektionskrankheiten wie Scharlach, Masern, Diphterie, Typhus, Ruhr, ferner Lungenentzündungen, Herz-, Leber- und Nierenerkrankungen. Auch unstillbare Durchfälle, Erbrechen, Krämpfe, Anschwellungen des ganzen Körpers, Gelenkschwellungen, Hustenanfälle und vieles andere gehörte zu den Symptomen der »Frieseln«. Somit ließ sich je nach den persönlichen Gesichtspunkten ein und dasselbe Krankheitsbild diagnostisch unterschiedlich ausdrücken. Als Komplikation der »Frieseln« sah man das »Faulfieber« an, was besagte, daß die Erkrankung sehr schwer geworden war und man den Patienten nunmehr für verloren hielt. Seitz betont in seinem Werk übrigens auch, daß die Leichen der an »Friesel« Verstorbenen »stark aufschwellen und schnell einen unerträglichen Geruch« verbreiten würden.

Wir können somit zusammenfassen: Mozart wurde von zwei der angesehensten Ärzte Wiens behandelt, die entsprechend der damaligen medizinischen Lehre und Nomenklatur ihre Diagnose stellten. Danach war Mozart akut mit hohem Fieber erkrankt, und allgemeine Gelenkschwellungen, zusammen mit einem durch das Fieber bedingten Exanthem, waren aufgetreten. Ein dritter, befreundeter, Arzt wurde regelmäßig über den Krankheitsverlauf unterrichtet, kam jedoch nicht selbst an Mozarts Krankenbett, sondern sah nur dessen Leichnam. 23 Jahre später erstattete er auf Ersuchen des Rechtsanwalts und Freundes von Antonio Salieri, Giuseppe Carpani, ein Gutachten über Art und Verlauf der Krankheit. Nicht mehr klären läßt sich, welche Krankheit sich hinter der von den Ärzten gestellten Diagnose letztlich verbarg. Die pathophysiologischen Vorstellungen und die medizinische Nomenklatur haben sich in den vergangenen 200 Jahren derart verändert, daß man dabei über Spekulationen nicht hinauskommt. Eine akute bakterielle oder virusbedingte Infektionskrankheit konnte ebenso zu der tödlichen Krankheit geführt haben wie eine akute Nierenkrankheit oder ein akutes »rheumatisches Fieber« nach heutiger Nomenklatur.

Mordhypothesen und Armenbegräbnis

Was hat es mit der Behauptung, Mozart sei ermordet worden, auf sich? Den Verfechtern der Mord- und Vergiftungsthese sollte man als erstes entgegenhalten, daß sie damit gleich drei der seinerzeit angesehensten Ärzte diskriminieren, indem sie ihnen Betrügereien und Geheimbündelei unterstellen. Dieser Gesichtspunkt hat bei den Diskussionen um Mozarts Tod bislang kaum Berücksichtigung gefunden. Es gibt keine Anhaltspunkte dafür, anzunehmen, daß Closset, Sallaba oder Guldener von Lobes etwas zu verbergen gehabt hätten. Im Gegenteil, sie wären geradezu dazu berufen gewesen, die Möglichkeiten eines Mordes aufzudecken. So hatte Closset in seiner Abhandlung über das »Faulfieber« eingehend die Symptome der Quecksilbervergiftung beschrieben, und des Quecksilbers oder Arseniks sollten sich die Mörder ja bedient haben. Sallaba interessierte sich darüber hinaus besonders für gerichtsmedizinische Fragen und die Symptomatik der Vergiftungen. Immerhin war ihm die Gerichtsmedizin ein derartiges Anliegen, daß er 1791, also in Mozarts Todesjahr, die Einrichtung eines Lehrstuhls für »gerichtliche Arzneykunde« anregte, für den er sich un-

Abb. 16 Antonio Salieri.
Lithographie von Wintter, 1815.

entgeltlich als Dozent zur Verfügung stellen wollte.

Und was ist endlich von den Selbstbezichtigungen Salieris, er habe Mozart ermordet, zu halten? Das Gerücht, er sei möglicherweise der Mörder Mozarts, ging schon zu Beginn des letzten Jahrhunderts um. Man liest darüber z.B. in Beethovens Konversationsheften oder bei Max Maria von Weber, der berichtet, sein Vater Carl Maria von Weber habe es abgelehnt, Salieri in Wien zu besuchen, weil dieser ein Feind Mozarts gewesen sei, obwohl er an das Vergiftungsgerücht nicht geglaubt habe. Rossini ging, wie Ferdinand Hiller berichtet, sogar soweit, Salieri auf den Kopf zu zu fragen: »Haben Sie wirklich Mozart vergiftet?« »Salieri«, — so Rossini —, »pflanzte sich vor mir auf und sagte: 'Sehen Sie mich einmal genau an, sehe ich aus wie ein Mörder?'«. Das allein will nicht viel besagen. Schwerwiegender sind die Äußerungen Salieris zwei Jahre vor seinem Tod gegenüber dem Komponisten und Klaviervirtuosen Ignaz Moscheles (1794-1870). Salieri, um diese Zeit wegen zeitweiliger Verwirrtheitszustände schon Insasse einer Heilanstalt, war, wie Moscheles betont, geistesklar, als er ihn aufsuchte. Moscheles schreibt: »Das Wiedersehen war ein trauriges; denn sein Anblick entsetzte mich, und er sprach nur in abgebrochenen Sätzen von seinem nahe bevorstehenden Tode; zuletzt aber mit den Worten: 'Obgleich dies meine letzte Krankheit ist, so kann ich doch auf Treu und Glauben versichern, daß nichts Wahres an dem absurden Gerücht ist; Sie wissen ja — Mozart, ich soll ihn vergiftet haben. Aber nein, Bosheit, lauter Bosheit, sagen Sie es der Welt, lieber Moscheles; der alte Salieri, der bald stirbt, hat es Ihnen gesagt.'« Es darf nicht wundern, daß sich Salieri in geistiger Umnachtung als Mörder Mozarts bezichtigte, nachdem ihn dieses bösartige Gerücht jahrelang verfolgt hatte.*

Eine andere Frage wird immer wieder aufgeworfen, ob Mozart durch die Aderlässe seiner behandelnden Ärzte getötet wurde. Ohne Zweifel hielten sowohl Closset als auch Sallaba eine Aderlaßtherapie bei dem schwerkranken Mozart für erforderlich. Sie müssen davon überzeugt gewesen sein, ihrer Verantwortung als Ärzte nicht nachzukommen, wenn sie nicht versuchten, die Absetzung der »Materia peccans« im Kopf durch Blutentziehung aufzuhalten. Sallaba hatte um die Zeit, als man ihn an Mozarts Krankenbett rief, Galens Werk »Vom Aderlassen gegen den Erasistrat« (Galen lebte im 2. Jahrhundert nach Christus) ins Deutsche übersetzt und mit reichlichen eigenen Kommentaren, mit denen er der Aderlaßtherapie das Wort redete, herausgebracht. Das Buch war Guldener von Lobes und anderen Kollegen gewidmet. In seinen Kommentaren zog er energisch gegen den Human- und Tiermediziner Johann Gottlieb Wolstein zu Felde, der kurz zuvor in seinen »Anmerkungen über das Aderlassen der Menschen und Thiere« den Aderlaß als eine unsinnige Behandlungsmethode verurteilt hatte. Wieviele Aderlässe man dem kranken Mozart zugemutet hat, läßt sich nicht mehr klären, es dürften im Laufe des zweiwöchigen Krankenlagers aber zumindest zwei, oder auch mehr, gewesen sein, obwohl man in Wien damit im allgemeinen nicht so radikal umging wie wenig später unter dem Einfluß der Lehre Broussais' in Paris. Mozarts Tod kann somit durch die Aderlaßtherapie durchaus beschleunigt worden sein, aber kaum mehr als um kurze Zeit, vielleicht nur um Stunden. Getötet haben ihn die Ärzte damit nicht, da seine Krankheit von vorneherein den Todeskeim in sich trug.

Nachdem wir nun dargelegt haben, wie wenig Konkretes und Verbürgtes über Mozarts Todeskrankheit bekannt ist,

* Auf die anderen, erst in den letzten Jahren »aufgetauchten« möglichen Mörder einzugehen, ist hier nicht der rechte Ort. Es sei deswegen auf das 1986 erschienene Buch »Mozart in Wien« von V. Braunbehrens verwiesen, wo der Leser das Notwendige hierzu findet.

dafür aber um so mehr an Legendenbildungen, seien der Anschaulichkeit halber die verschiedenen hypothetisch gestellten Diagnosen und das halbe Dutzend der beschuldigten Mörder nochmals tabellarisch zusammengefaßt.

Tabelle 1: Hypothesen zu Mozarts Tod

I. Krankheiten

1. Chronische Nephritis mit Urämie	(J. Barraud 1905 Szametz 1936 Holz 1941 Leffkowitz 1956 Greither 1956, 1981)
2. Maligne Nephrosklerose und Zystennieren	(Juhn 1956)
3. Schilddrüsenkrankheit	(Sederholm 1959)
4. Akutes rheumatisches Fieber	(Bär 1972)
5. Akute epidemische Krankheit	(Hildesheimer 1977)
6. Akute Infektionskrankheit mit Sepsis	(Barthelme 1983)
7. Streptokokkenerkrankung, Purpura Schönlein-Henoch	(Davies 1983)
8. Quecksilbervergiftung in mörderischer Absicht	(Kerner 1957 Dalchow 1966 Böhme, möglich, 1981)
9. Quecksilbervergiftung durch ärztliche Behandlung	(Scheidt 1967 Heine 1984)

II. Bezichtigte Mörder

1. Antonio Salieri	Hofkapellmeister des Kaisers
2. Franz Hofdehmel	Hofkanzlist in Wien
3. Baron Gottfried van Swieten	Hofbibliothekar in Wien
4. Franz Xaver Süssmayr	Chordirigent in Baden/Wien
5. Die Freimaurer	(Fememord)
6. Die behandelnden Ärzte	(Dr. Closset und Dr. Sallaba)

Bleibt noch ein Wort über Mozarts »Armenbegräbnis« zu sagen. Schon Carl Bär hatte in seinem 1966 erschienenen kleinen Band »Mozart, Krankheit — Tod — Begräbnis« auf die Eigenheiten der Josephinischen Begräbnisordnung aufmerksam gemacht. Sie war seit 1784 in Kraft und bestand auch nach dem Tode des Kaisers (1790) noch voll und ganz, als Mozart starb. Das in der »Schriftenreihe der Internationalen Stiftung Mozarteum« herausgebrachte Buch fand nicht die Aufmerksamkeit, die es verdient hätte. Bär belegt darin überzeugend, daß das »Armenbegräbnis« Mozarts reine Legende ist, deren Bildung sich nur durch die historische Unkenntnis der damaligen Bestattungssitten erklären läßt. 1986, als die Legenden um Mozart durch verschiedene reißerische Publikationen neuerlichen Auftrieb erhalten hatten, erschien das Buch von V. Braunbehrens »Mozart in Wien« als Ergebnis umfangreicher Studien über das Leben Mozarts im Josephinischen Wien. Braunbehrens konnte Bärs Forschungen in eindrucksvoller Weise bestätigen und die Aussagen noch erweitern. Danach wurde Mozart keineswegs in einem Massengrab verscharrt, sondern ganz normal nach der Josephinischen Begräbnisordnung beigesetzt, deren wesentlichster Punkt lautete, daß nach der Einsegnung eines Toten in der zuständigen Pfarrkirche (bei Mozart war es der Stephansdom) die Beisetzungsfeierlichkeiten als beendet galten. Es gab keinen Trauerzug zum Friedhof, sondern die Toten wurden nach der Einsegnung ohne Geleit dorthin gebracht, und zwar im Winter nach 18 Uhr, im Sommer erst gar nach 21 Uhr. Dem lagen seuchenhygienische und gesundheitspolitische Überlegungen zugrunde, die auch dazu geführt hatten, daß man sämtliche Friedhöfe aus der Stadt heraus an die Peripherie verlegt hatte. Die Toten wurden in sogenannten Schachtgräbern, die gewöhnlich für 4 Erwachsene und 2 Kinder hergerichtet waren, beigesetzt. Ursprünglich hatte Joseph II. sogar angeordnet, daß die Leichen nicht mehr in Särge gelegt werden dürften, sondern unbekleidet in leinerne Säcke einzunähen seien. Das forderte jedoch derartige Proteste heraus, daß er diese Vorschrift schon 1785 abmilderte und Särge wieder Verwendung finden durften. Um Holz zu sparen, nahm man aber häufig mit Leihsärgen vorlieb, die mehrfach gebraucht wurden. Die Begräbnisordnung sah auch vor, daß die Schachtgräber keine Grabsteine erhielten. Wollten Angehörige einen Gedenkstein für ihren Toten errichten, so konnte das nur an der Friedhofsmauer geschehen. Schon daraus geht hervor, daß die Versuche, Mozarts Grab zu identifizieren, geschweige denn, seine sterblichen Überreste aufzufinden, fehlschlagen mußten.

Wie man sich Mozarts Beisetzung vorzustellen hat, hat Ursula Mauthe, eine Mozartkennerin von Rang, 1986 lapidar zusammengefaßt: »Am 6. Dezember, einem kühlen regnerischen Tag, fanden die Beisetzungsfeierlichkeiten im (oder am) Stephansdom statt. Das Thermometer zeigte '3^0 oder 0^0', es war windstill [über das Wetter am 6. Dezember 1791 liegen Beobachtungen der Wiener Sternwarte vor, ebenso über die Temperatur, die umgerechnet $3{,}75^0$ Celsius betrug]. Die Beerdigung auf dem weit außerhalb der Mauern Wiens gelegenen St. Marxer Friedhof konnte erst nach Ablauf der gesetzlich vorgeschriebenen Frist von zweimal 24 Stunden, also im Laufe des 7. Dezembers, erfolgen. Da man, so wollte es die Vorschrift, im Winter die Verstorbenen nicht vor sechs Uhr abends — also erst nach eingetretener Dunkelheit — auf die Friedhöfe bringen durfte und ein Trauergeleit unüblich war, ist Mozart, wie damals wohl fast alle Toten, ohne Geleit von Verwandten oder Freunden bestattet worden.«

Literatur

Bär, C.: Mozart. Krankheit — Tod — Begräbnis. Schriftenreihe der Internat. Stiftung Mozarteum Bd. 1, 2. Aufl., Salzburg 1972.

Barraud, J.: A quelle maladie a succombé Mozart? La Chronique Médicale 12, 737-744 (1905).

Barthelme, E.: A propos de la mort de Mozart. Histoire des Sciences Médicales XVII, 23-28 (1983).

Böhme, G.: Medizinische Porträts berühmter Komponisten. Stuttgart-New York 1981.

Braunbehrens, V.: Mozart in Wien. München-Zürich 1986.

Carr, F.: Mozart und Constanze. Stuttgart 1986.

Dalchow, J., Duda, G., Kerner, D.: W. A. Mozarts Ende, Med. Welt 49, 2690-2694 (1966).

Davies, P. J.: Mozart's Illness and Death. Journal of the Royal Society of Medicine Vol. 76, 776-785 (1983).

Deutsch, O. E.: Carpanis Verteidigung Salieris. Schweiz. Musikzeitung 97, 8-16 (1957).

Franken, F. H.: W. A. Mozart: Krankheit und Tod. Med. Monatsschrift 27, 549-552 (1973).

Franken, F. H.: Krankheit und Tod großer Komponisten. Baden-Baden — Köln — New York 1979.

Greither, A.: Mozarts Todeskrankheit. Symptomatik einer finalen Urämie. Deutsches Ärzteblatt 1981, 371-374 und 431-434. Darin Angaben über weitere Publikationen Greithers.

Heine, E. W.: Wer ermordete Mozart? Wer enthauptete Haydn? Zürich 1984.

Hildesheimer, W.: Mozart. Frankfurt 1977.

Hiller, F.: Plaudereien über Rossini. In: Aus dem Tonleben unserer Zeit, Bd. 1, S. 84, Leipzig 1868.

Holz, H.: Mozarts Krankheiten und sein Tod. Med. Dissertation, Jena 1940.

Juhn, B.: Mozarts Leiden und Sterben. Ciba-Symposium 6, 191-194 (1956).

Kerner, D.: Krankheiten großer Musiker. Stuttgart 1963.

Lange, J.: Biographie des Joseph Lange, k.k. Hofschauspielers. Wien 1808.

Leditznig, Ch.: Dr. Matthias Ritter von Sallaba. Sonderdruck ohne Ort und Jahr im Institut für Geschichte der Medizin Wien.

Lesky, E.: Die Wiener medizinische Schule im 19. Jahrhundert. Graz — Köln 1965.

Lesky, E.: Meilensteine der Wiener Medizin. Große Ärzte Österreichs in drei Jahrhunderten. Wien — München — Berlin 1981.

Ludendorff, M.: Mozarts Leben und gewaltsamer Tod. München 1936.

Mauthe, U.: Mozarts »Weberin« Aloysia Weber, verehel. Lange. Augsburg 1980.
Mauthe, U.: Briefe der »Weberin« entdeckt. Acta Mozartiana 29, 76-81 (1982).
Mauthe, U.: Mozarts »Pamina« Anna Gottlieb. Augsburg 1986.
Moscheles, I.: Aus Moscheles Leben. Nach Briefen und Tagebüchern. Hrsgg. von seiner Frau. Leipzig 1877.
Negri, V.: Zitiert nach Umbach. Der Spiegel 163 (1984).
Niemeczek, F. X.: Lebensbeschreibung des k.k. Kapellmeisters Wolfgang Gottlieb Mozart. Prag 1798.
Nissen, G. N. von: Biographie W. A. Mozarts. Leipzig 1828. Neudruck Hildesheim 1964 u. 1972.
Novello, V. u. M.: Eine Wallfahrt zu Mozart. Die Reisetagebücher von Vincent und Mary Novello aus dem Jahre 1829. Deutsche Übersetzung von Ernst Roth. Bonn 1955.
Probst, C.: Der Weg des ärztlichen Erkennens am Krankenbett. Herman Boerhave und die ältere Wiener medizinische Schule. Bd. I (1701-1787). Wiesbaden 1972, Beiheft 15 zu Sudhoffs Archiv.
Sallaba, D. M. von: Galen vom Aderlassen gegen den Erasistrat. Übersetzt und mit Anmerkungen versehen von D. M. v. Sallaba, Wien 1791.
Scheidt, W.: Quecksilbervergiftung bei Mozart, Beethoven und Schubert. Med. Klinik 62, 195-196 (1967).
Seitz, F.: Der Friesel. Eine historisch-pathologische Untersuchung. Erlangen 1845.
Umbach, K.: Amadeus in der Giftküche. Der Spiegel 161-163,(1984).
Wolstein, J. G.: Anmerkungen über das Aderlassen der Menschen und der Thiere. Wien 1791.

Carl Maria von Weber

(1786—1826)

Einleitung

Es ist merkwürdig, daß über Carl Maria von Weber, im Gegensatz etwa zu Beethoven, Chopin oder gar Mozart, so wenig pathographische Literatur existiert, obwohl seine Lebensgeschichte wie kaum die eines anderen Komponisten gleichzeitig Krankengeschichte ist. Von einigen Jahren scheinbarer Gesundheit abgesehen, bestanden bei ihm fast immer sichtbare Krankheitssymptome, gegen die er mit ungeheurer Energie anging. Er selbst, seine Angehörigen und Freunde wußten schon Jahre vor seinem Tod, daß er an einer Lungentuberkulose litt, für die es nur wenig Hoffnung auf Heilung gab.

Pathographisch gesehen bestehen zwischen Frédéric Chopins und Carl Maria von Webers Leiden Parallelen, aber die Lebensläufe sind doch recht unterschiedlich. Auf der einen Seite der zerbrechlich anmutende und grazile Chopin, der umhegt und gepflegt wurde, der später nur noch selten in der Öffentlichkeit in Erscheinung trat, der, abgesehen von seiner Liaison mit George Sand, einsam blieb und einsam starb, obwohl sich die Pariser Gesellschaft in seinem Sterbezimmer drängelte. Auf der anderen Seite Weber, ebenfalls von schmächtiger Gestalt, dabei jedoch energiegeladen, von schier unglaublicher Zähigkeit, der sich in die Strapazen des öffentlichen Musiklebens förmlich hineinwarf, das Letzte von sich und seinen Musikern verlangte und vor Ehrgeiz glühte. Noch wenige Stunden vor seinem

Tod stand er auf dem Dirigentenpult, obwohl er, von Atemnot gepeinigt, kaum noch zu gehen vermochte und seine Füße derart angeschwollen waren, daß sie nicht mehr in die Schuhe paßten. Während der letzten Vorstellungen des »Oberon« unter seiner Leitung hustete er dermaßen, daß ihm die Damen der Londoner Gesellschaft, von Mitleid übermannt, Berge von Marmeladen und anderen Süßigkeiten (sie galten als hustenstillend) ins Haus sandten. Nach Jahren unsteten Junggesellendaseins war er zudem treusorgender Familienvater geworden, der neben der Musik nur noch seine »Mukkin« (Kosename für seine Ehefrau Caroline) und seine Kinder kannte.

Webers Sohn Max Maria hat über seinen Vater eine umfassende Biographie geschrieben, die noch heute Gültigkeit besitzt und an der selbst die Musikwissenschaftler nur wenig herumnörgeln. So gibt es auch keine spätere Weber-Biographie, die sich nicht auf Max Maria stützen würde. Letzten Endes sind es immer nur kleinere Richtigstellungen, Ergänzungen und Variationen, die über das von ihm Gesagte hinausgehen.

Herkunft und Jugendjahre

In einem irrte Max Maria allerdings, und zwar in der Herkunft seines Vaters. Er glaubte, die Familie Weber stamme aus Österreich. Erst der Freiburger Historiker Friedrich Hefele wies 1926 eindeutig nach, daß Carl Maria väterlicherseits ein echter Badener war. Sein Vater Franz Anton war 1734 im Schwarzwald in Zell im Wiesental, in der Umgebung Freiburgs, zur Welt gekommen. Nicht minder bedeutungsvoll für Webers Charakter ist seine Abstammung mütterlicherseits. Seine Mutter Genovefa war in der Nähe von Kaufbeuren in Bayern geboren. Sie hatte den 50jährigen Franz Anton in Wien kennengelernt und als Einund-

Abb. 1 Max Maria von Weber.
Zeichnung seines Bruders Alexander 1844

zwanzigjährige geheiratet. Seinen Wohnsitz hatte Franz Anton damals in Eutin in Holstein, wohin er seine junge, zweite Frau bald nachholte. Er war eine abenteuerliche Natur und übte im Laufe seines Lebens die verschiedensten Berufe vom Amtmann bis zum Kapellmeister aus. Dazu war er ständig verschuldet. Genovefa brachte den Sohn Carl Maria am 18. November 1786 in Eutin zur Welt. Nicht lange hielt es die Webers dort, schon wenig später gründete Franz Anton die »Webersche Schauspielergesellschaft« und begab sich damit über Jahre auf Reisen. So verbrachte Carl Maria die ersten zehn Jahre seines Lebens auf Wanderschaft, in Gasthöfen und Absteigequartieren, inmitten des Theatervolks.

Schon von Geburt an war Carl Maria mit einem Makel behaftet, den ihm die Natur mit auf den Lebensweg gegeben hatte, er hinkte. Auch galt er als schwächliches und kränkliches Kind. Wie Max Maria schreibt, lernte sein Vater erst mit vier Jahren selbständig gehen und war »lahm auf dem rechten Fuss«. Das blieb so das ganze Leben. Der Schriftsteller und Schauspieler Karl von Holtei (1798-1880) notiert über seine erste Begegnung mit Weber 1822 in seiner Autobiographie: »... und am Arm der Holdseligen [einer Frau Seidler] hinkte herein der Meister...«. Richard Wagner vermerkt in seinen Erinnerungen, daß Webers Gang, als er ihn 1823 kennenlernte, »stark hinkend« gewesen sei. Auch Gioacchino Rossini, den Weber kurz vor seinem Tod in Paris aufsuchte, fiel neben dem »bejammernswerten Zustand« Webers auf, daß er »zudem hinkte«. Das Leiden hinderte Weber andererseits nicht daran, 1811 bei seiner Reise durch die Schweiz ausgedehnte Wanderungen durch das Berner Oberland zu unternehmen. So bestieg er einmal den Rigi, was eine Bergtour von mehr als 12 Stunden bedeutete.

Die genaue Ursache von Webers hinkendem Gang kennen wir nicht. Am ehesten dürfte sie in einer angeborenen Hüftluxation zu suchen sein, die man damals weder diagno-

Abb. 2 Carl Maria von Weber.
Stich von Johann Neidl nach einem Gemälde von Josef Lang, 1804

stizieren noch behandeln konnte. Max Maria schreibt dazu: »Besonders quälte ihn ein örtliches Leiden, das seinen Sitz im Oberteil des Schenkelknochens gehabt zu haben scheint. Dieses Leiden hat sich nie ganz verloren und war Ursache des später an Weber bemerkten Lahmgehens auf dem rechten Fusse... In der Kindheit hinderte es ihn anfänglich sehr, an den Spielen seiner Altersgenossen Theil zu nehmen...«. Aber auf welchem Bein hinkte Weber nun wirklich? An anderer Stelle spricht Max Maria davon, daß eine »später schärfer hervortretende Schwäche der linken Hüfte, die seinem Gang etwas Lahmendes gab«, bestanden habe.So muß im Augenblick dahingestellt bleiben, ob das wahrscheinlich angeborene Leiden links- oder rechtsseitig ausgebildet war.

Mit entscheidend für Webers lange und qualvolle Krankheitsgeschichte und seinen frühen Tod könnte das Leiden seiner Mutter gewesen sein, die, erst vierunddreißigjährig, im Jahre 1798 starb. Sofern die Quellen verläßlich sind, hatte sie zuvor schon länger gekränkelt, wofür eine Lungentuberkulose verantwortlich gewesen sein soll. Damit stellte sie für ihren Sohn, den sie sehr liebte, eine ständige Infektionsquelle dar, die ihn seine tuberkulöse Erstinfektion nicht überwinden ließ. Die Ausbreitung des Leidens bis zum tödlichen Ausgang zog sich dann allerdings gegen dreißig Jahre hin, ein nicht ungewöhnlicher Verlauf der Lungentuberkulose.

Genovefa war in Salzburg, wohin sich die Webersche Familie 1796 begeben hatte, gestorben. Weber war ein direkter Vetter der Töchter des Musikers Fridolin Weber (nicht zu verwechseln mit Webers Bruder Fridolin), von denen Mozart, nachdem ihn die Schwester Aloysia verschmäht hatte, Konstanze heiratete. Carl Maria war somit ein Schwager zweiten Grades von Wolfgang Amadeus Mozart. In Salzburg erhielt Weber Unterricht bei Michael Haydn (1737-1806), dem jüngeren Bruder von Joseph Haydn. Aber auch dort war des Bleibens nicht lange. Franz Anton zog nach München weiter, ehe er sich nach monatelangem Reisen im Jahre 1800 vorübergehend in Freiberg in Sachsen niederließ. Obwohl sein Sohn inzwischen durch seine Opern »Die Macht der Liebe und des Weins« und »Das Waldmädchen« (»ein höchst unreifes, nur vielleicht hin und wieder nicht ganz von Erfindung leeres Produkt«, wie er später dazu äußerte) bekannt geworden war, arbeitete er zusammen mit dem Vater als Steindrucker. Er sorgte mit für die Verbreitung der kurz zuvor von Aloys Senefelder (1771-1834) erfundenen Lithographie (Steindruck) und beherrschte diese Kunst sehr gut. »Ich weiß auf Stein Noten zu stechen...« schreibt er im Oktober 1800 und preist gleichzeitig die Geschwindigkeit der Herstellung und die Schönheit des Drucks an. Schon 1801 finden wir die Webers wieder in Salzburg und 1803 in Augsburg, wo Carl Maria bei dem damals berühmten, aber auch umstrittenen Abbé Vogler Unterricht nahm und seine Oper »Peter Schmoll« zur Aufführung gelangte. 1804 übernahm Weber als 18jähriger die Stelle eines Theaterkapellmeisters in Breslau. Erwartungsgemäß machte man ihm das Leben schwer. Erstaunlich, daß er es inmitten von Intrigen und offenen Anfeindungen überhaupt drei Jahre dort aushielt. Mit eiserner Energie setzte er seinen Willen einer neuen Sitzordnung des Orchesters durch und nahm tiefgreifende Veränderungen im Opernspielplan vor.

Verätzung der Speiseröhre

Möglicherweise wäre Weber noch länger in Breslau geblieben, wenn ihn nicht ein gefährlicher Zwischenfall wochenlang ans Krankenbett gefesselt hätte. Er bewohnte zusammen mit seinem wie immer verschuldeten Vater, der sich im Kupferstechen versuchte, gemeinsam eine Wohnung. Er selbst arbeitete an der Oper »Rübezahl«. Dabei wollte er, als es schon dunkelte, einen Schluck Wein trinken und griff in Gedanken nach einer der im Zimmer stehenden Weinflaschen. Sein Vater hatte jedoch achtlos unter den Weinflaschen eine Flasche mit Salpetersäure abgestellt, die er zum Kupferstechen benötigte. Weber griff ausgerechnet nach dieser Flasche, nahm einen Zug daraus und ehe er den Irrtum bemerkte, waren Mund und Speiseröhre verätzt. Er erlitt sofort einen Schock und stürzte bewußtlos zu Boden. Der Vater, der sich im Nebenzimmer aufhielt, hatte nichts davon gehört, und so fand ihn Webers Freund Berner erst Stunden später, als er zu Besuch kam und im Dunkeln über seinen Körper stolperte. Weber hatte insofern noch Glück im Unglück, als die Säure offenbar nicht die Magenwand durchfressen hatte und es zu keiner Perforation gekommen war. Sonst hätte er nicht überlebt. Es war damals nicht möglich, einen Magendurchbruch zu operieren und die damit verbundene Bauchfellentzündung mit Medikamenten zu behandeln. Da die Säure auch den Kehlkopf mitverätzt hatte, verlor Weber zunächst die Stimme. Nach zweimonatigem Krankenlager kehrte sie zwar wieder, erreichte aber nie mehr die alte Kraft und Schönheit (Weber hatte sehr gut gesungen). Glück hatte er auch, daß sich im Laufe der Zeit keine Narben in der Speiseröhre ausbildeten, die die Nahrungsaufnahme zur Qual oder überhaupt unmöglich gemacht hätten und für die es keine Hilfe gab. Diese häufige Spätkomplikation kann noch Jahre nach der Verätzung zum Tod führen.

Am Theater benutzte man Webers Krankheit, um die von ihm eingeleiteten Reformen möglichst schnell rückgängig zu machen. Als er, einigermaßen hergestellt, sein Amt wieder aufnahm, waren die Verhältnisse derart unerfreulich geworden, daß er es 1806 vorzeitig aufgab.

Wieder begann ein unstetes Leben. Zunächst nahm Weber eine Stelle als »Musikintendant« beim Herzog Eugen von Württemberg an, der seine Residenz wegen der napoleonischen Kriegswirren nach Carlsruhe in Sachsen verlegt hatte. Schon 1807 gab er den Posten jedoch wieder auf und begab sich auf »Kunstreise«. Als ihm wenige Monate später die Stelle eines »geheimen Sekretärs« von Erzherzog Ludwig von Württemberg, einem Bruder Herzog Eugens, angetragen wurde, nahm er an. Ludwig bewohnte Schloß Ludwigsburg bei Stuttgart.

Die Position eines »geheimen Sekretärs« hatte mit Musik kaum etwas zu tun, sondern war mit Regierungsgeschäften gekoppelt. Trotzdem war Weber keineswegs unglücklich. Er konnte dabei das Leben eines Junggesellen führen, ging amourösen Abenteuern nach und nahm reichlich am gesellschaftlichen Leben teil. Da seine Ansprüche hoch waren, kam er mit seinem Gehalt nicht aus und befand sich ständig in Geldschwierigkeiten. Die meisten Anregungen erhielt er von seinem Freund, dem Komponisten und Hofkapellmeister Franz Danzi (1783-1823). Er selbst komponierte verschiedene Kammermusikwerke und arbeitete an der Oper »Silvana«. Aber auch schriftstellerisch war er tätig und begann mit dem Fragment gebliebenen Roman »Tonkünstlers Leben«.

Während der drei Stuttgarter Jahre scheint Weber nicht sichtbar krank gewesen zu sein, die in der Lunge schwelende Tuberkulose rief noch keine Symptome hervor. Die Zeit als »geheimer Sekretär« fand ein wenig ruhmreiches Ende: Vater und Sohn Weber wurden verhaftet und nach 18 Tagen Haft des Landes verwiesen. Teils waren es falsche Anschuldigungen, teils Naivität Webers in geldlichen Dingen, die zur Inhaftierung geführt hatten, und so ließ ihn der Herzog auch schnell wieder frei. Eines stellte sich dabei aber heraus, Vater und Sohn hatten zusammen nicht weniger als 42 Gläubiger, denen sie insgesamt 2500 Gulden schuldeten. Um deren Ansprüchen zunächst einmal zu entgehen, half nur die Flucht über die Grenzen Württembergs.

Auf Empfehlung Danzis konnte Weber sofort in Mannheim Fuß fassen, siedelte aber bald nach Darmstadt über. Dort langweilte er sich und begab sich im Februar 1811 wieder einmal auf »Kunstreise«. Der Vater blieb in Mannheim zurück, wo er 1812 starb und seinem Sohn so viele Schulden hinterließ, daß er noch jahrelang daran abzahlte.

Als Weber auf seiner neuerlichen Kunstreise in Ravensburg anlangte, hielt man ihn an der Grenze fest. Fünf Tage verbrachte er in einem Gasthaus, wobei er akut krank gewesen sein soll. Genaueres ist darüber nicht bekannt. Jedenfalls wanderte er wenig später in der Schweiz durch die Berge, woran ihn — wie wir schon hörten — auch sein Hüftleiden nicht hinderte. Nach kurzen Aufenthalten in Basel und München finden wir Weber an Weihnachten 1811 in Prag. Von dort reiste er am 17. Januar 1812 nach Gotha weiter, wo er sich plötzlich ernstlich krank fühlte. In sein Tagebuch notierte er: »Hundskrank auf einmal geworden, ein starkes Drücken auf der Brust, daß ich mich zu Bette legen mußte.« Fünf Tage später vermerkt er: »Hundskrank auf den Brust-Rheumatismus.« Man geht wohl nicht fehl in der Annahme, daß der Januar 1812 in der Pathographie Webers einen Markstein darstellt. Die von ihm geschilderten Krankheitssymptome lassen sich zwanglos einem ersten spürbaren Aufflackern der bis dahin latent gebliebenen Lungentuberkulose zuordnen. Die von ihm erwähnten Schmerzen könnten Ausdruck eines Übergreifens der tuberkulösen Entzündung auf das Rippenfell (Pleura) gewesen sein, da die Lunge selbst nicht schmerzempfindlich ist. Eine Rückbildung kann relativ schnell erfolgen, was bei Weber der Fall gewesen sein dürfte, reiste er doch bald nach Berlin weiter, wo er statt der vorgesehenen wenigen Wochen ein halbes Jahr blieb und seine Oper »Silvana« zur Uraufführung brachte.

Auf der Rückreise, die ihn nochmals über Gotha führte, fühlte er sich erneut unwohl. In einem Brief an die befreundete Berliner Familie Türk schreibt er, die »Abfütterung« falle sehr schmal aus, »Weil ich seit 14 Tagen gar keinen Appetit fühle und durch Aushungern wieder Hunger zu acquirieren gedenke.«

Prag

Anfang 1813 trat Weber wieder eine seiner »Kunstreisen« an, aber bereits auf der ersten Station, Leipzig, erreichte ihn das Angebot, die Stelle des Musikdirektors in Prag zu übernehmen. Schon am 1. April 1813 begann er dort seine Tätigkeit. Er ging zwar mit gewohntem Elan ans Werk, aber verschiedene Krankheiten verwiesen ihn bald in seine Schranken. Am 22. April 1814 schreibt er rückblickend an die zu seinem Berliner Freundeskreis gehörende Friederike Koch: »Ich stehe jetzt vom dritten Krankenlager während meines Aufenthalts in Prag auf. War die letzte 14-tägige nicht gefährlich, so war sie doch peinlich genug für mich, da alles gleich so heftig auf Kopf und Augen wirkt, dass ich weder Lesen noch schreiben darf. Es war ein Friesel, eine Kinderkrankheit, die mich packte und mir gestern zum ersten Male auszufahren erlaubte.« Über den »Friesel« haben wir schon im Kapitel überWolfgang Amadeus Mozart berichtet. Webers Angabe, daß es sich bei ihm um eine »Kinderkrankheit« gehandelt habe, läßt darauf schließen, daß ihn verspätet vielleicht Masern, Scharlach, Röteln oder eine andere Infektionskrankheit befallen hatte.

Auf das erste der drei von ihm erwähnten Krankenlager war er schon ein Jahr zuvor in Wien geworfen worden. Dort hatte er sich plötzlich krank gefühlt und war deswegen schleunigst nach Prag zurückgekehrt. Max Maria schreibt darüber: »Kaum war dasselbe [ein Konzert in Wien] vorüber, so fühlte er sich in quälender Weise krank. Schnell alle Beziehungen abbrechend, eilte er, fast ohne Abschied, so hastig er konnte, nach Prag zurück und fiel kaum angekommen, in ein heftiges Gallenfieber. Während desselben suchte ihn Graf Pachta, ohne Ahnung, dass er krank sei, auf, fand ihn bewußtlos, schlecht verpflegt und sandte sofort seine Sänfte, liess ihn in sein Haus schaffen... Erst drei Wochen nach der neuen Ankunft in Prag war es Weber möglich, seine Berufsgeschäfte aufzunehmen....«

Weber selbst notierte über die Erkrankung in sein Tagebuch, daß er »halskrank« sei. Auch machte ihm gleichzeitig sein Hüftleiden zu schaffen.

Eine Deutung des von Max Maria erwähnten »Gallenfiebers« ist schwierig. Man muß diese Diagnose in Verbindung mit der damals noch verbreiteten Fieberlehre der Wiener medizinischen Schule sehen. Wenn man von »Gallenfieber« sprach, vermutete man lediglich die krankmachende Materie, die Materia peccans, in der Galle, ohne Fieber mit einem Thermometer zu messen. Mit einem Gallenleiden im heutigen Sinn hatte das »Gallenfieber« nichts gemein. Dafür spricht übrigens auch Webers Notiz, daß er »halskrank« sei. Danach könnte eine schwere Angina tonsillaris oder eine andere akute Infektionskrankheit, die mit katarrhalischen Erscheinungen im Rachenraum einherging, vorgelegen haben, aber das bleibt Spekulation.

Über das zweite von Weber erwähnte »Krankenlager«, das zeitlich zwischen die Wiener Krankheit und dem »Friesel« bzw. »Gallenfieber« einzuordnen ist, läßt sich noch weniger aussagen. Möglicherweise steht es im Zusammenhang mit den schweren Depressionen, unter denen er anläßlich seiner Liebschaft mit der Tänzerin Therese Brunetti litt. Solange er die — im übrigen verheiratete — Brunetti nicht um sich hatte, glaubte er nicht mehr leben zu können. Waren die beiden aber beieinander, kam es zu den fürchterlichsten

Abb. 3 Therese Brunetti,
Tänzerin und Soubrette am Ständetheater in Prag.

Szenen. Es war eine Liebeshölle im wahrsten Sinne des Wortes, die zudem Webers Finanzen unterminierte, zumal die Brunetti nicht gerade kleinlich mit der Engegennahme teurer Versöhnungsgeschenke war.

Zu den persönlichen Schwierigkeiten Webers kamen erhebliche berufliche Belastungen. Musiker und Sänger rebellierten unter seiner straffen Führung, man intrigierte gegen ihn und er selbst zerfraß sich geradezu vor Ehrgeiz, das Letzte aus sich und seinem Ensemble herauszuholen. Dabei geriet er in zunehmende Isolierung. »Ich habe nur meine 4 Wände und selbst denen traue ich nicht recht«, klagt er in dem schon zitierten Brief an Friederike Koch, um gleich hinzuzufügen »Meine Gesundheit ist sehr wandelbar. Ein heftiges Erbrechen ohne alle Ursache hat mich neuerdings überfallen.«

Endlich im Juli 1814 trat Weber eine ärztlich dringend verordnete Kur in Bad Liebwerda im Riesengebirge an. Aber schon nach drei Wochen hielt es ihn nicht mehr dort, und er brach nach Berlin auf, wo er Gast der Eltern seines Freundes Giacomo Meyerbeer war.

Inzwischen war in Webers persönlichen Verhältnissen insofern ein Wandel eingetreten, als er nach dem aufreibenden Verhältnis mit der Brunetti eine heftige Zuneigung zu der acht Jahre jüngeren Sängerin am Prager Theater, Caroline Brandt, faßte. Erstmals dachte er an eine dauerhafte Verbindung und verlobte sich mit ihr. Es bedurfte aber noch mancher innerer Kämpfe, ehe sich die beiden — nach vorübergehender Lösung der Verlobung — endgültig zusammenfanden. Am Ende gab Caroline Weber zuliebe ihre Laufbahn als Sängerin auf und widmete sich ausschließlich der Familie. Weber hing fortan mit geradezu abgöttischer Liebe an seiner »Mukkin« und den in den nächsten Jahren geborenen Kindern.

Er war gerade von Berlin nach Weimar abgereist, als ihn

Abb. 4 Caroline von Weber, geb. Brandt (1794 - 1852), Holzstich nach einem Ölgemälde von ihrem Sohn Alexander von Weber (1825 - 1844).

ein Hilferuf seines Theaterdirektors nach Prag zurückrief. Das Orchester rebellierte wieder einmal, konnte aber schnell zur Ruhe gebracht werden. Gegen Ende des Jahres fühlte sich Weber wiederum krank. Am 3. Dezember mußte er, wie er Anfang Februar 1815 seinem Freund Lichtenstein entschuldigend mitteilt, weil er dessen Brief solange unbeantwortet gelassen hatte, wegen eines »derben rheumatischen Fiebers mit Erbrechen und furchtbaren Kopfschmerzen« für längere Zeit zu Bett liegen. Weiter schreibt er: »Das Böhmerland ist für mich ein wahres Spital geworden und das peinlichste für mich ist, daß ich immer lange Zeit nach dieser Krankheit einen angegriffenen Kopf habe, daß ich weder lesen noch schreiben darf und also in vollkommener Untätigkeit verbrüten muss.«

Was sich hinter dem »derben rheumatischen Fieber« verbarg, ist ungewiß. Für ein akutes Aufflackern der Tuberkulose sind die von Weber angegebenen Symptome mit Erbrechen und Kopfschmerzen nicht charakteristisch. Wohl aber kann diese offenbar akute Erkrankung deren Exazerbation mitbewirkt haben. Dafür würde Webers Bemerkung in einem Brief an Hinrich Lichtenstein vom 19. April 1815 sprechen, daß er sich »trotz seines fortwährenden Hustens« doch um vieles besser fühle. Man darf wohl annehmen, daß der Husten bis zu Webers Tod nie mehr ganz schwand.

In Prag hielt es Weber nun nicht mehr. Als er seine eigenen Schulden und die des Vaters abbezahlt hatte, kündigte er seinen Vertrag zu Ostern 1816 und reiste zunächst nach Berlin, wo er auf eine Stellung als Kapellmeister hoffte.

Dresden

Webers Hoffnungen erfüllten sich nicht. Dafür erhielt er eine Berufung als Kapellmeister an die Deutsche Oper nach Dresden. Er nahm an und blieb Dresden bis zu seinem Tod treu. Im November 1817 heiratete er Caroline Brandt und konnte endlich den ersehnten Hausstand gründen. Beruflich stellten sich ihm, wie nicht anders zu erwarten, gleich manche Hindernisse in den Weg. Es waren vor allem Konkurrenzkämpfe mit dem Dirigenten der italienischen Oper Dresdens, Francesco Morlacchi, die ihm zusetzten. Weber tat allerdings das seinige dazu, um sich nicht gerade beliebt zu machen. Berühmt geworden ist sein Satz in der ersten Ansprache an die Mitglieder der Oper: »Ich werde gerecht, aber auch, ohne Ansehen der Person gegen Jeden, am meisten gegen mich selbst unerbittlich streng sein.« Bei den Auseinandersetzungen mit Morlacchi ist Webers ehrgeizige Natur zu berücksichtigen. Er konnte sich nicht damit abfinden, daß die italienische Oper in Dresden beliebter war als die deutsche und man, wie allerorten damals, am liebsten Rossini hörte.

Neubeginn und Gründung des eigenen Heims ließen Webers Krankheitssymptome vorübergehend in den Hintergrund treten. So teilte er im Februar 1817 Lichtenstein mit: »Seid froh und glücklich und gesund. Das letztere bin ich gottlob auch, das übrige wird sich finden.« Aber diese Annahme war trügerisch. Schon wenige Monate später sah alles anders aus. Die Symptome der Lungentuberkulose meldeten sich nun intensiver und beeinträchtigten Webers Lebens- und Schaffenskraft empfindlich. Aus gesundheitlichen Gründen, und um dem Lärm der Stadt zu entfliehen, mietete er im Sommer 1818 ein Sommerhäuschen einige Kilometer von Dresden elbaufwärts. Max Maria bemerkt dazu: »Er fühlte eine äußerste Abspannung des Nervensystems, die Brustbeklemmungen, an denen er schon früher gelitten mehrten sich, die Heiserkeiten wurden häufiger, und seine Singstimme schwand fast ganz. Alle Symptome der Krankheit, die ihn genau acht Jahre später dem Grabe zuführen sollte, klopften, wenn auch noch leise, an, als er zu seinem Heil und größter Freude am 18. Juni das Sommerhäuschen in Hosterwitz beziehen konnte.«

Im März 1819 war Weber derart hinfällig, daß er vier Wochen lang das Bett hüten mußte. Vorausgegangen waren große Aufregungen durch die komplizierte Geburt seines ersten Kindes, eines Töchterchens. Schon Anfang Februar hatte er Lichtenstein gegenüber geklagt, daß er seit dieser Zeit (die Tochter wurde am 22. Dezember 1818 geboren), »gänzlich abgespannt sei«. Als er endlich gegen Ende April einigermaßen wiederhergestellt war, starb das Kind, worunter besonders Caroline litt. Es ist erstaunlich, wie sich Weber trotz dieser erneuten psychischen Belastung anschließend erholte, so daß im Sommer 1819 eine äußerst fruchtbare Schaffensperiode folgte, während der er große Teile des »Freischütz« komponierte. Dabei hatte ihm sein Hausarzt zwischenzeitlich auch noch eine »Fastendiät« verordnet, die dem ohnehin viel zu mageren Weber sicher nicht förderlich war.

Mitte Juli 1820 machte sich Weber, zusammen mit Caroline, zu einer schon lange geplanten Kunstreise gen Norden auf, die ihn bis Kopenhagen führte. Seine Frau, von einer hartnäckigen Erkältung heimgesucht, ließ er derweil in Hamburg zurück, wo sie eine Fehlgeburt erlitt. Im Oktober trat man schleunigst die Heimreise an.

Die Jahre 1821-1823

Im Frühjahr 1821 finden wir Weber zur Einstudierung und Uraufführung des »Freischütz« in Berlin. Trotz der Intrigen des Berliner Generalmusikdirektors Gasparo Spontini (1774-1852) gegen die Aufführung feierte er geradezu triumphale Erfolge. Spontini hatte zu Recht im »Freischütz« eine Konkurrenz für die vorgesehene Uraufführung seiner Oper »Olympia« befürchtet. Sie ging zwar als großangelegtes Spektakel über die Bühne, bei dem sogar ein echter Elefant zu sehen war, geriet nach der Aufführung des »Freischütz« jedoch schnell in Vergessenheit. Weber meisterte die Strapazen der Probenarbeit und der Premiere, bei der er selbst am Dirigentenpult stand, geradezu brillant, obwohl er von seinem Leiden sichtbar gezeichnet war. Allgemein sprach man jetzt davon, daß seine Tage gezählt seien. Nach den Worten Max Marias waren inzwischen »der Husten häufiger und peinigender, die Atembeschwerden stärker« geworden, und es bestand fast ständig Fieber. Erstmals beobachtete Weber auch blutigen Auswurf und soll, als er ihn sah, erbleichend ausgerufen haben: »Wie Gott will.« »Der Glaube, daß seine Tage gemessen seien, hat ihn von diesem Augenblick an nicht mehr verlassen.«

Julius Benedict, Webers einziger Schüler und sein erster Biograph, schreibt über das Jahr 1821: »Die tödliche Krankheit, die ihn dahinraffen sollte, hatte schon seine edlen Züge gezeichnet; die hervorstehenden Backenknochen, und überhaupt die gänzliche Abmagerung sprachen eine beredte Sprache....« Weber selbst notierte, nach Dresden zurückgekehrt, in sein Tagebuch, »sehr müde und krank.«

Im Februar 1822 reiste er nach Wien. Im Auftrag des Kärntnerthortheaters hatte er mit der Komposition der »Euryanthe« begonnen. Das Libretto, von Wilhelmine von Chézy (1783-1856) geschrieben, war schon mehrmals geändert worden. Die Chézy, in der Jugend hübsch, inzwischen aber fettleibig, hatte sich zu einer geschäftstüchtigen und moralisierenden Frau entwickelt und bereitete Weber noch manchen Verdruß. In Wien befiel Weber eine heftige Halsentzündung, die man mit »Bähungen [warme Dämpfe], Gurgeln, heißen und kalten Umschlägen« zu behandeln suchte. Max Maria bemerkte dazu, daß das Halsleiden, das seinen Vater bis zu seinem Tode peinigen sollte, bei dieser Gelegenheit wieder einen bedeutenden Fortschritt gemacht habe. Er nimmt somit an, daß die Lungentuberkulose schon damals auf den Kehlkopf übergegriffen hatte und sich das große Kehlkopfgeschwür entwickelte, das man bei der Obduktion fand.

Nach Dresden zurückgekehrt, fühlte Weber sich immer noch krank und wurde zudem von Depressionen heimgesucht. An Lichtenstein schreibt er Ende April 1822: »Seit meiner Rückkunft am 26. März von Wien, hätte ich wohl Zeit gefunden Dir schreiben zu können, aber ich war noch drei Wochen unwohl, und dabei von der finstersten Melancholie, die mich zu allem unfähig machte.«

Für das Jahr 1823 fehlen in Webers Tagebuch Eintragungen über sein gesundheitliches Ergehen. In Verbindung mit seinen brieflichen Äußerungen läßt das darauf schließen, daß im Fortschreiten seines Leidens eine vorübergehende Atempause eingetreten war. So schreibt er von einer neuerlichen Wienreise zur Uraufführung der »Euryanthe« am 22. September 1823 an Caroline: »Bei mir geht Gesundheit und Empfang wirklich trefflich, nicht einmal einen Schnupfen habe ich davongetragen!« Oder in einem anderen Brief vom 24. September: »Mit meiner Gesundheit geht es sehr gut, alle Leute verwundern sich über mein gutes Aussehen. Appetit und Schlaf ist da....« Am 1. Oktober berichtet er sogar nach Dresden: »... alle Welt beschreibt mein gutes Aussehen und sagt, ich hätte mich um 10 Jahre verjüngt.« Da Weber in den Briefen an seine Frau seine Beschwerden zu bagatellisieren pflegte, wollte Caroline, die das wußte, Genaueres über sein Befinden erfahren. Am 6. Oktober antwortet er auf entsprechende Fragen: »Ja, so von meiner Gesundheit soll ich Dir schreiben, wenn es mir gut geht? Ich huste ein Bissel, aber um kein Haar mehr als zu hause, wenn ich viel sprechen muss....« Lediglich am 1. November erwähnt Weber Caroline gegenüber, daß er sich »noch ein Bissel schonen« müsse, weil »die rauhe Luft mich wieder etwas husten

Abb. 5 Carl Maria von Weber 1823
Stich von Fried. Fleischmann.

Abb. 6 Webers Haus in Hosterwitz.
Tuschzeichnung von A. Reinhardt, um 1845

macht. Es ist aber nicht arg, und ich bin übrigens kerngesund.« Wenngleich das »kerngesund« alles andere als der Wirklichkeit entsprach, Webers wiederholte Äußerungen, daß es ihm gut gehe, sprechen dafür, daß vorübergehend seine alte Energie zurückgekehrt war. So meisterte er auch die Ärgernisse mit der Chézy und meinte dazu, daß er »ganz andere Püffe ertragen« könne.

Das Ende kündigt sich an

Nach dem scheinbaren, vorübergehenden Stillstand 1823 kam es 1824 zu einer erheblichen Progredienz des Leidens. Schon nach der Rückkehr aus Wien fühlte Weber sich erschöpft, Husten und Atemnot nahmen zu. Anfang Mai begab er sich zur Erholung nach Hosterwitz in sein Landhaus, ging gleichzeitig aber seinem Dienst als Kapellmeister nach. Benedict, der zur Überwachung weiterer Aufführungen der »Euryanthe« noch einige Wochen in Wien geblieben war und deswegen erst später nach Dresden zurückkehrte, schreibt über das Wiedersehen mit Weber: »Er schien in diesen wenigen Wochen um zehn Jahre gealtert zu sein, seine frühere Geisteskraft, sein Selbstvertrauen, seine Liebe zur Kunst — alles hatte ihn verlassen. Die eingesunkenen Augen, die allgemeine Apathie, und ein trockener, hektischer Husten verrieten deutlich den gefährlichen Zustand seiner Gesundheit.« Weber selbst teilte seinem Freund Danzi am 26. Mai mit: »Noch immer bin ich allein im Dienst, aber entsetzlich geplagt, kaum zu glauben, daß ich diese Strapazen nun bald 8 Monate so aushielt. Aber ich fühle es auch gehörig an einer totalen Abspannung und Gleichgültigkeit gegen Freud und Leid.«

Weber muß sich demnach miserabel gefühlt haben und war so apathisch, daß er 15 Monate lang kaum komponierte. Nach seinem Befinden gefragt, soll er geantwortet haben:

»Ich huste und faulenze.« Im Juli gelang es endlich, ihn zu einer Kur in Marienbad zu bewegen. Das Heimweh und seine Anhänglichkeit an die Familie trieben ihn bereits Anfang August wieder nach Hosterwitz zurück. Max Maria meint zu Webers Aufenthalt in Marienbad, die Ärzte dort hätten »die Natur seiner Krankheit vollständig verkennend, sie für ein Unterleibsübel« gehalten. Diese Einschätzung dürfte nicht ganz den Gegebenheiten entsprechen, denn es war allgemein bekannt, daß Weber an einer fortschreitenden Lungentuberkulose litt. Marienbad gehörte allerdings zu den Kurorten, die man besonders bei Gallenleiden aufsuchte. Dabei muß man sich vergegenwärtigen, daß man »Gallenleiden«, vor allem das Gallensteinleiden, nicht wie heute diagnostizieren konnte, denn Röntgenuntersuchungen gab es noch nicht, eine operative Behandlung war ohnehin nicht möglich. Lediglich auf Grund klinischer Symptome schloß man auf das Vorhandensein von Gallensteinen. Lagen entsprechende Beschwerden vor, suchte man mittels Trinkkuren die Steine durch den Darm abzutreiben, was nur manchmal gelang. Nach den pathophysiologischen Vorstellungen der damaligen Zeit bestanden aber auch enge Zusammenhänge zwischen den Lungen und dem Darm, über den man die »krankmachende Materie« aus dem Körper zu entfernen suchte. Als Max Maria seine Biographie schrieb, waren Jahrzehnte vergangen, während deren sich viele medizinische Anschauungen gewandelt hatten. Soweit wir wissen, wurde Weber in Marienbad neben Trinkkuren mit Moor- und Duschbädern, die der allgemeinen Kräftigung dienen sollten, behandelt. Auch das widerspricht den Anschauungen Max Marias.

Webers schlechtes Befinden hielt auch nach der Marienbader Kur an. Ende August sagte er zwar dem Theaterunternehmer Charles Kemble zu, für das Covent Garden theatre in London eine Oper zu komponieren; da die Antwort mit konkreten Vorschlägen und die Regelung der Honorarfrage jedoch lange auf sich warten ließen, fehlte ihm der Antrieb zur Arbeit daran, zumal er den Auftrag vorwiegend aus finanziellen Gründen angenommen hatte. Inzwischen war er sich bewußt geworden, daß er nur noch kurze Zeit zu leben hatte und wollte seine letzten Kräfte zum Gelderwerb für seine Familie einsetzen. Caroline, die 1822 den Sohn Max geboren hatte, war inzwischen wieder schwanger. So feilschte Weber auch um das Honorar, ehe er den Auftrag endgültig annahm. Ende Januar 1825 begann er mit der Komposition des »Oberon«. Es klingt schier unglaublich, daß er zusätzlich noch den Dienst an der Oper versah und seinen erkrankten Kollegen Morlacchi vertrat. Der hinreißenden Musik und der bezaubernden Romantik des »Oberon« merkt man nicht an, daß sie unter quälender Atemnot, ständigem Husten, mit von Wasser angeschwollenen Beinen und unter andauerndem Fieber geschrieben wurde. Aus dem Jahr 1825 besitzen wir einige Zeugnisse Webers über seinen Gesundheitszustand, wie Tagebuchnotizen über schlechte Nächte, Unwohlsein, Fieber und Nachlassen der Kräfte. An Lichtenstein hatte er schon Ende 1824 geschrieben, daß er einen recht trüben Winter verlebe und »keine Aussicht zum Besserwerden vorhanden ist.« Am 24. Februar teilte er ihm mit: »Ich bin nämlich seit vorgestern Arrestant meines Arztes, der einen heftigen Husten und eine hässliche Heiserkeit nicht leichthin genommen wissen will.« Anfang Mai äußert er, daß ihn »eine abscheuliche für alles abstumpfende täglich mehr um sich greifende Melancholie« abgehalten habe, zu schreiben.

Dr. Hedenus*, Webers Hausarzt, riet zu einer Reise in den Süden, möglichst nach Italien. Weber konnte sich dazu

* Johann Wilhelm August Hedenus, der Hausarzt Webers, war königlich sächsischer Leibarzt und Leibchirurg in Dresden.

Abb. 7 Wilhelmine (Helmina) von Chézy
Zeichnung von Wilhelm Hensel (um 1822).

Abb. 8 Weber dirigiert die »Euryanthe« in Berlin 1825.
(Er war Brillenträger, was auf seinen späteren Porträts meistens zu sehen ist.)

aber allein schon wegen der damit verbundenen längeren Trennung von seiner Familie nicht entschließen. Er willigte lediglich ein, eine Kur in Bad Ems durchzuführen. Bad Ems galt als bevorzugter Kurort für Erkrankungen des Bronchialsystems und der Lungen. Auch Chopin wollte man dorthin schicken, er wies es aber von sich.

Weber hielt sich im Juli und August mehrere Wochen in Bad Ems auf. Er war über Weimar, wo er nochmals Goethe aufsuchte, angereist. Dieser, unter dem Einfluß seines Freundes, des Komponisten Carl Friedrich Zelter (1758-1832) stehend, empfing Weber auch diesmal kühl und entließ ihn, indem er sich als erster erhob, bereits nach 15 Minuten. Weber war dadurch tief verletzt. In Weimar fühlte er sich so krank und schwach, daß er eine zweitägige Reisepause einlegen mußte, während der er zu Bett lag. Zu einem Besuch bei Johann Nepomuk Hummel (1778-1837) ließ er sich tragen.

In Bad Ems kannte man Weber allenthalben. Das hatte zur Folge, daß er dort nicht, wie er vorhatte, zurückgezogen leben konnte, sondern auch am gesellschaftlichen Leben teilnehmen mußte. Die Aufmerksamkeiten, mit denen er bedacht wurde, wirkten sich psychisch günstig aus und ließen ihn seinen bedenklichen Zustand oft vergessen. Es gehört zu Webers ehrgeizigem Charakter, daß er an Ruhm und Anerkennung hing. So darf man seinen Satz, den er nach Hause schrieb, »Ich hätte mich verwünschen mögen, jemals eine Note geschrieben zu haben, bei dem ewigen mich selbst hören müssen« (die Kurkapelle spielte täglich Webers Melodien) keinesfalls wörtlich nehmen.

Über die Behandlung in Bad Ems sind keine Einzelheiten bekannt. Wie damals üblich, wird Weber vor allem Molke, ein beliebtes Mittel bei der Tuberkulosetherapie, getrunken haben. Zur Dämpfung des Hustenreizes standen hauptsächlich Opiumtropfen zur Verfügung.

Der Aufenthalt in Bad Ems munterte Weber immerhin eine Zeitlang so auf, daß er am 4. September 1825 an Lichtenstein schreiben konnte: »Ems hat mir wohlgetan, ich bin heiterer und muthiger, wenngleich weder Heiserkeit noch Husten gehoben sind.«

Die letzten Monate

a) Berlin und Paris

Nach Dresden zurückgekehrt, komponierte Weber neben der Wahrnehmung seiner Kapellmeisterpflichten intensiv am »Oberon«. Ein Angebot, im Dezember in Berlin die »Euryanthe« einzustudieren und deren erste Aufführungen zu leiten, nahm er trotz der damit verbundenen Trennung von der Familie über Weihnachten an, denn die Premiere war auf den 23. Dezember festgesetzt. Indessen beschleunigten die anstrengenden Probenarbeiten und die Aufführungen seinen körperlichen Verfall. Die Heiserkeit erreichte solche Ausmaße, daß er sich nurmehr über einen Dolmetscher mit dem Orchester zu verständigen vermochte. Sein abgemagerter Körper, das eingefallene Gesicht, seine angeschwollenen Füße, die in Pantoffeln steckten, da keine Schuhe mehr paßten, seine Atemnot und der dauernde Husten erweckten einen bemitleidenswerten, ja geradezu erschütternden Eindruck. Kein Wunder, daß Weber äußerst reizbar war und schnell in Zorn geriet. Besonders barsch konnte er auf Fragen nach seinem Befinden reagieren. Karl von Holtei antwortete er auf die Frage danach gereizt: »Wie mirs geht? Sehr gut! Nur daß ich die Halsschwindsucht habe, aber das macht weiter nichts, mein theuerster Gönner.« Als der Verleger Gubitz wissen wollte, ob er sich der geplanten Londonreise denn überhaupt noch gewachsen fühle, äußerte er düster: »Lieber Freund, ich erwerbe in England ein gutes Stück Geld, das bin ich meiner

Familie schuldig, aber ich weiß sehr gut — ich gehe nach London, um da zu sterben. Still, ich weiß es! —.«

Neben der finanziellen Aussicht bildete auch Webers Hunger nach Anerkennung eine Triebfeder, nochmals seine letzten Energiereserven zu mobilisieren. Die Zeilen, die er am Heiligabend 1825 aus Berlin an seine Frau schrieb, sind recht eindeutig: »Mein innig geliebtes Weib! Warum mußtest Du fehlen, um meine Freude an dem vollständigsten und glänzendsten Triumph, den je ein Componist in Berlin feierte, zu theilen, er kann mir nichts zu wünschen übrig lassen.« Dabei war der Erfolg der »Euryanthe« letztlich nicht mit dem des »Freischütz« zu vergleichen. Anfangs feierte man Weber zwar stürmisch, die Begeisterung ließ jedoch schnell nach, die »Euryanthe« verschwand bald vom Spielplan.

Obwohl Weber von Berlin erschöpft nach Dresden zurückkehrte, ließ er von den Vorbereitungen für die Londonreise nicht ab. Vergeblich suchte man ihn davon abzubringen. »Ob ich reise, ob ich nicht reise, ich bin in einem Jahr ein todter Mann«, antwortete er dem Hofrat Carl August Böttiger, der ihn im Namen von Caroline geradezu anflehte, die Reise zu unterlassen. Dabei war die Komposition des »Oberon« noch längst nicht vollendet, als der Brief des Direktors der London Philharmonic Society, George Smart (1776-1867), mit deren genauer Festlegung eintraf. Erst am 11. Februar komponierte Weber das Finale des dritten Akts. Am 15. Februar verabschiedete er sich von seinen Musikern in Dresden, und am 16. Februar brach er zusammen mit dem Flötisten Anton Fürstenau, der sich als Reisebegleiter erboten hatte, in einem gemieteten Wagen auf. Als sich dessen Tür schloß, soll Caroline ausgerufen haben: »Ich habe seinen Sarg zuschlagen hören.«

DerWeg führte zunächst über Kaiserslautern, St. Avold und Verdun nach Paris, wo Weber fünf Tage blieb und bei mehreren Komponistenkollegen seine Aufwartung machte. So besuchte er Luigi Cherubini, Gioacchino Rossini, Daniel François Esprit Auber und Fernando Paër. Über die Einzelheiten der Reise und den Londonaufenthalt sind wir durch die 53 Briefe Webers an seine Frau sowie seine Tagebuchaufzeichnungen gut unterrichtet. Für die Beurteilung der Krankengeschichte sind die Tagebuchnotizen weit aufschlußreicher als die Briefe, weil sie uns über Webers verzweifelten Zustand Auskunft geben. In den Briefen an Caroline spielt er dagegen, wie üblich, seine Beschwerden stark herunter; durch deren Lektüre allein würde man deswegen ein falsches Bild über sein wahres Befinden erhalten. Ein charakteristisches Beispiel dafür, daß auch bei der Auswertung brieflicher Dokumente Behutsamkeit und Vorsicht am Platze sind.

b) London

Die Fahrt über den Kanal, sie dauerte nur drei Stunden, da Weber bereits ein Dampfboot benutzte, verlief erstaunlich gut. Am 4. März traf Weber in Dover, am 5. März in London ein. Dort nahm ihn Smart in sein Haus auf, schirmte ihn gegen Belästigungen ab und umgab ihn mit den größtmöglichen Annehmlichkeiten. So konnte Weber in Ruhe den »Oberon« zu Ende komponieren. Als er am 12. April die Premiere dirigierte, wurde er enthusiastisch gefeiert. Es ist verblüffend und rührend zugleich, wie es dieser todkranke Mann mit seinen letzten Kräften verstand, Sänger, Musiker und Publikum hinzureißen wie kaum ein Komponist und Dirigent je zuvor. Und das ist wörtlich zu nehmen, widerfuhr Weber doch eine Ehre, die vor ihm noch keinem im Covent Garden theatre zuteil geworden war: Er mußte sich am Ende der Vorstellung, da der Beifall nicht aufhören wollte, vor dem Vorhang zeigen. Das hatte selbst der gefeierte Rossini nicht fertiggebracht. Welch letzter Triumph!

Weber hatte sich nochmals bis zum äußersten verausgabt, seinem kranken Körper das Letztmögliche abverlangt, aber jetzt war er mit seinen Kräften am Ende. Die nächsten Wochen bis zu seinem Tod quälte er sich nur noch dahin und klammerte sich an den Gedanken, vielleicht nochmals seine Familie in Dresden wiederzusehen. Aber dazu sollte es, wie er es vorausgesagt hatte, nicht mehr kommen. Seine letzten Lebenswochen hat Weber selbst so eindrucksvoll in seinen die volle Wahrheit verschleiernden Briefen an seine Frau sowie in den verzweifelten Ausbrüchen in seinem Tagebuch dokumentiert, daß wir ihn darüber am besten selbst sprechen lassen.

Zunächst sind Webers Notizen über sein Befinden noch spärlich, bis auf einen medizinisch aufschlußreichen Brief an Caroline vom 12. März 1826. Darin geht er ausführlicher auf die Art seiner Beschwerden ein. Er schlafe gut, esse und habe wirklich Appetit, meint er, um dann hinzuzufügen: »..diese abscheuliche Kurzatmigkeit, dieses krampfhafte Wesen, das bei der geringsten Veranlassung durch den ganzen Körper geht und dabei wieder das höchst Sonderbare, daß große Fatiguen und Eindrücke eben auch nicht viel anders oder heftiger einwirken, als wenn ich z.B. schnell eine Treppe hinaufgehe.« Diese Beobachtung erklärt sich einerseits durch die zunehmende Überlastung des Herzens, als Folge der Zerstörungen des Lungengewebes und der ausgedehnten Verwachsungen des Rippenfells. Andererseits hatte sich, worauf Böhme aufmerksam macht, durch das große, bei der Obduktion entdeckte Kehlkopfgeschwür auch eine Verengung des Kehlkopfes (Stenose) ausgebildet, die bei kleinsten Anstrengungen zur Luftnot führte.

Nach der Uraufführung des »Oberon«, am 12. April, sprechen Hoffnungslosigkeit und tiefste Resignation aus allen Äußerungen Webers. Am 13. April schreibt er an Caroline: »Und heute morgen bin ich dann so recht durch und

Abb. 9 Weber in London.
Anonyme Skizze, 1826.

durch müde aber wohl.« Die Eintragung am gleichen Tag im Tagebuch lautet aber »sehr unwohl und ermüdet«. Am 16. April heißt es: »Mehr Blut ausgeworfen, darüber sehr erschrocken. Trüber Tag. Nichts gegessen. Sehr unwohl!« Caroline teilt er dagegen am nächsten Tag mit: »Der Schlaf ist mir das Beste, der ist sanft, ruhig und erquickend. Das Uebrige ist Alles zu gut, um darüber klagen zu können, und wieder nicht gut genug, um es loben zu dürfen.« Am 18. April schreibt er seiner Frau allerdings: »Habe gar allen Glauben an die Aerzte und ihre Kunst verloren.« Am 21. April verharmlost er seine Beschwerden mit der Bemerkung: »Über meine Gesundheit sei ja beruhigt, mein geliebtes Leben. Der Husten ist so lose, wie er nie gewesen und nie krampfhaft. Die Kurzathmigkeit ist dieselbe wie zu Hause, ich kann nicht weit gehen, muß also immer fahren.« Dagegen lauten die Eintragungen im Tagebuch am 22. April »Sehr unwohl«, am 23. »unwohl«, am 24. »sehr unwohl, Dr. Kind brachte die Blausäure* — in Gottes Namen auch dieses noch.« Am 27. heißt es »um 10 Uhr so unwohl, solcher Krampf! O Gott!« Trotzdem dirigierte Weber am gleichen Abend die Ouvertüren zu »Euryanthe« und »Oberon«.

In diesem Zusammenhang sind die Beobachtungen von John Edmond Cox, der Weber nach einem seiner Konzerte in seinem Privatzimmer aufsuchte, bemerkenswert. In seinen »Musical Recollections« erinnert er sich 1872: »Ich hatte ihn beim Dirigieren seiner Musik beobachtet: er legte Herz und Seele in die Musik, er vermittelte Solisten,

* Blausäure (Cyanwasserstoff) wurde trotz seiner bekannten Giftigkeit in stark verdünnter Lösung als Therapeutikum bei unstillbarem Hustenreiz angewandt, in England auch bei Herzkrankheiten. Es war 1816 von François Magendie (1783-1855) in die Therapie eingeführt worden, verschwand jedoch bald wieder aus dem Arzneischatz, nachdem verschiedentlich Todesfälle nach der Verabreichung beschrieben worden waren.

Abb. 10 Letztes Ölporträt Carl Maria von Webers, 1826 in London von John Cawse gemalt.

Orchester und Chor einen Schwung, wie sie ihn nie zuvor erlebt hatten, und bot eine Energie auf, die einen Mann von robuster Gesundheit erledigt hätte... Aber auf dem Weg in sein Privatzimmer, — zu dem mir Sir George Smart und er selbst liebenswürdigerweise Zutritt gestatteten — als ich sehen konnte, wie er nach Luft rang, von einem trockenen stossweisen schwindsüchtigen Husten beinahe in Stücke gerissen wurde und in kaltem Schweiss gebadet war, da war all meine Begeisterung, die ich eben noch empfunden hatte, dahin. Wie dankbar reagierte er mit einem müden Lächeln auf jeden kleinsten Versuch ihm die grauenhafte Agonie des Erstickens zu lindern, gegen die er mit der ganzen Entschlossenheit seines energischen Wesens ankämpfte....«

Inzwischen war es Mai geworden und das Wetter kalt geblieben, »entsetzlich kalt«, wie Weber am 8. Mai seiner Frau mitteilt, um auf ihre Frage nach seiner Gesundheit hinzuzufügen: »Sie ist so, daß ich mit gutem Gewissen sagen kann: sei ruhig und ängstige Dich nicht; aber sie ist auch nicht so gut, daß ich mich ihrer erfreuen könnte.« Das war ganz und gar nicht die Wahrheit, die nach den Tagebuchaufzeichnungen anders aussah. Am 9. Mai findet sich die Notiz: »Sehr unwohl, entsetzlich asthmatisch. O Gott!«, am 16. Mai »Schreckliche Nacht, trockene Hitze« und am 18. Mai »Höchst leidend«. Am 26. Mai lautet die Eintragung: »sehr angegriffen, sehr unwohl, so erschüttert. Ich hielt es im Concert mit größter Noth aus. Senfpflaster auf die Brust, entsetzliche Beängstigung.« An Caroline schreibt Weber aber am gleichen Tag, nachdem er noch eine Konzertprobe geleitet hatte: »...nur ein kurzes Lebens- und Gesundheitszeichen. Bin gar zu ermüdet. Habe die Probe zu einem Concert gehabt, die recht gut ging. Alles beeifert sich mich zu befriedigen. Mich greift aber auch alles sehr an. Und so fallen mir denn die Augen zu, indem ich noch schreiben will.«

Nachdem er seine Londoner Verpflichtungen erfüllt und

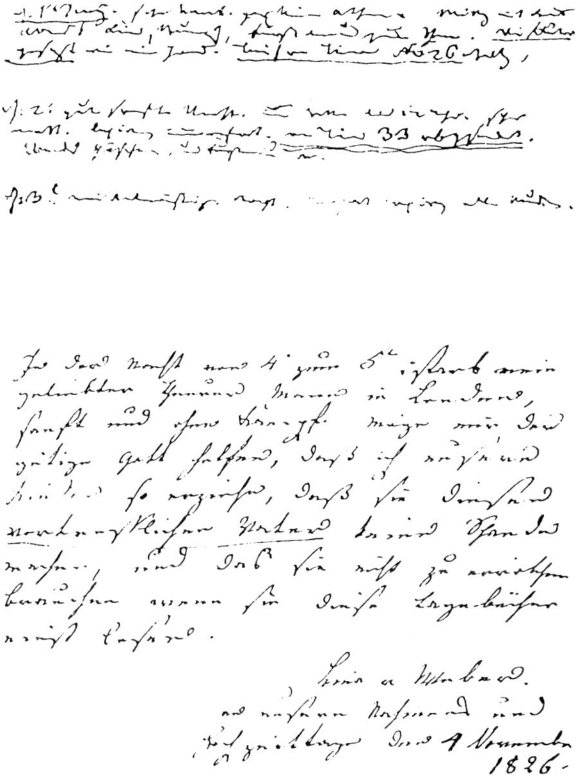

Abb. 11 Letzte Tagebucheintragung Webers (oben) mit der Nachschrift seiner Frau Caroline.

sich der erwartete finanzielle Gewinn eingestellt hatte, drängte Weber nach Hause. Er lebte nur der Hoffnung, seine Familie vielleicht doch nochmals wiederzusehen. Man legte die Abreise auf den 6. Juni fest. Am 2. Juni schreibt Weber den letzten Brief an seine Frau:» Welche Freude geliebte Mukkin, hat mir Dein lieber Brief vom 23. Mai gemacht. Welches Glück für mich, Euch so gesund zu wissen. Wie beneide ich Euch um Euren Appetit. Hätte ich nur den tausendsten Theil davon. Aber leider bin ich noch sehr erregt und angegriffen. Guter Gott, nur erst im Wagen sitzen. Mein Concert ist noch besser ausgefallen als ich dachte; ich habe gegen 100 Pfd. Sterling übrig, für Deutschland viel, für London nicht. Wäre nur der »Freischütz« künftigen Montag erst überstanden. Nun, Gott wird Kräfte schenken! Seit gestern habe ich einen handgroßen Vesikator* auf der Brust, das soll die entsetzliche Kurzathmigkeit bannen... Da dieser Brief keine Antwort erhält, so wird er sehr kurz ausfallen; gelt das ist bequem, nicht antworten zu dürfen? Fürstenau hat sein Konzert aufgegeben, vielleicht kommen wir noch ein paar Tage früher fort, - Heisa! Gott segne Euch Alle und erhalte Euch gesund. Wäre ich nur schon in Eurer Mitte. Ich küsse Dich innigst, meine geliebte Mukkin behalte mich auch lieb und denke heiter an Deinen

Dich über Alles liebenden
Carl«

Im Tagebuch hatte Weber tags zuvor vermerkt:»Sehr krank, gar kein Athem.« Am 2. Juni heißt es: »Gute sanfte Nacht. Im Bett bis 12 Uhr. Sehr matt. Laxiert immerfort.«

* Großes Pflaster, oft mit Senf als Hautreizmittel bestrichen, unter der Vorstellung, es wirke heilend, große Blasen auf der Haut hervorzurufen.

Und endlich die letzte Eintragung am 3. Juni: »Mittelmäßige Nacht, immerfort laxiert alle Stunden.« Weber litt also nun auch an unstillbaren Durchfällen, die ihn nachts immer wieder aus dem Schlaf rissen.

Am Abend des 4. Juni saß er mit seinem Gastgeber Smart, mit Fürstenau, seinem Arzt Dr. Kind und einem weiteren Gast zusammen und trank etwas Portwein. Gegen 22 Uhr zog er sich auf sein Zimmer zurück mit den Worten: »Nun laßt mich schlafen.« Als Fürstenau gegen Mitternacht nach Hause ging, sah er noch, daß Weber das Licht in seinem Zimmer gelöscht hatte, was ihn beruhigte. Am nächsten Morgen jedoch meldete Weber sich nicht wie gewohnt und gab auch keine Antwort, als man an seine Tür klopfte. Darauf entschloß man sich, die von innen verriegelte Tür aufzubrechen. Weber lag friedlich im Bett, auf die linke Hand gestützt, aber er lebte nicht mehr. Der sofort hinzugezogene Arzt konnte den Tod, dessen Zeitpunkt er auf 1 bis 2 Uhr nachts festsetzte, nur bestätigen.

Nachdem man eine Obduktion durchgeführt hatte, wurde der einbalsamierte Leichnam Webers in einen Bleisarg verbracht und in der Kirche von Moorsfields beigesetzt. Dort blieb er, bis 1844 eine Überführung nach Dresden erfolgte. Unter einem riesigen Trauergeleit fand die endgültige Beisetzung auf dem Dresdener Friedhof statt, wobei Richard Wagner die Grabrede hielt.

Die Obduktion

Webers Beisetzung macht den Wandel der Denkweise und die andersgearteten Bestattungsgebräuche in England gegenüber denen im Josephinisch geprägten Österreich bei Mozarts Tod, 35 Jahre zuvor, besonders deutlich. Es war nun keine Frage mehr, daß bedeutende Persönlichkeiten vor der prunkvollen Beerdigung, in Anwesenheit von Zeugen obduziert und genaue Niederschriften der dabei erhobenen Befunde verfaßt wurden. Im Britischen Museum in London werden zwei ärztliche Befunde über Webers Obduktion aufbewahrt. Der eine davon ist vom Obduzenten und drei Zeugen, darunter Webers behandelndem Arzt, Dr. Kind, unterschrieben, der andere allein vom Obduzenten Dr. Forbes. Der Text des gemeinsamen Protokolls lautet, den Lungenbefund betreffend, ins Deutsche übersetzt:

»Bei der Untersuchung der Leiche des C. M. von Weber fanden wir ein Geschwür an der linken Seite des Kehlkopfes. Die Lungen waren fast gänzlich in krankhaftem Zustand, mit zum Teil eitrigen Tuberkeln und zwei Kavernen, von denen eine ungefähr eigroß, die andere etwas kleiner war. Damit ist die Todesursache hinlänglich geklärt.
F.Jencken,M.D., Chas.F.Forbes,M.D.P.M., Kind, M.D., Wm.Robinson, Surgeon.
19 Great Portland Street
5.Juni 5 Uhr.«

Der Befundbericht des Obduzenten Dr. Forbes hat übersetzt folgenden Wortlaut: »Bei der Untersuchung der Leiche von Carl Maria von Weber bot sich uns folgender Befund. Ein Geschwür am Kehlkopf links, die Lungen voll von großen und kleinen Tuberkeln, manche davon in eitrigem Zustand — zwei Kavernen im linken Lungenflügel — die eine etwa von der Größe eines Hühnereis, die andere etwas kleiner; auf der Oberfläche der linken Lunge waren zwei blasenartige Erscheinungen, die ich zuerst für Hydatiden [Echinokokkenblasen] hielt — die eine von Walnußgröße, die andere etwa so groß wie eine Haselnuß. Sie erklären sich aus dem Zerplatzen der Luftzellen der Lunge; die umhüllende Membran füllt sich folglich mit Luft. Ähnliche Erscheinungen finden sich häufig in den Lungen dämpfiger Pferde.
Montag abend 5. Juni 1826
Hochachtungsvoll Chas.F.Forbes.«

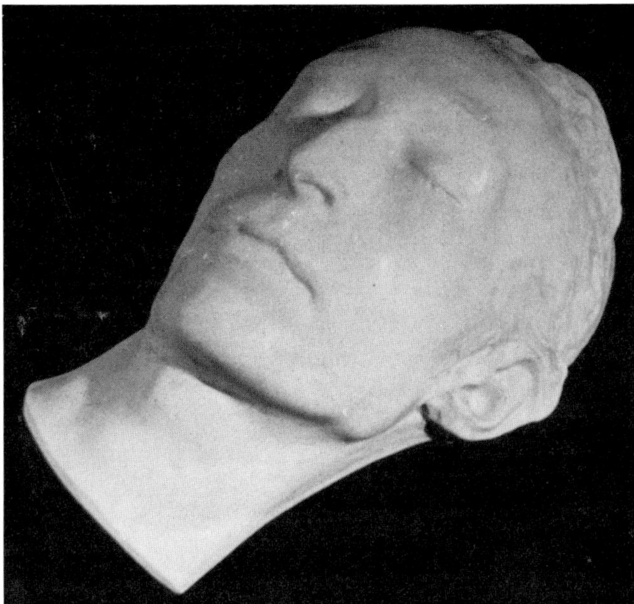

Abb. 12 Die Totenmaske.

Nach den Ausführungen von Forbes scheint die linke Lunge stärker als die rechte von der Tuberkulose zerstört gewesen zu sein. Bei der Beschreibung der beiden Kavernen ist zu berücksichtigen, daß im Laufe eines chronischen Tuberkuloseleidens immer wieder Kavernen entstehen, die vernarben, d.h. die beiden bei seinem Tod vorhandenen Kavernen waren während seines langen Leidens sicher nicht die einzigen gewesen. Bei den »Tuberkeln« handelt es sich um über die Lungen verstreute Einschmelzungsherde, in denen sich massenhaft Tuberkelbakterien befinden. Die »blasenartigen« Erscheinungen auf der Oberfläche der Lungen dürften sogenannte Emphysemblasen gewesen sein, denen keine große Bedeutung zukommt.

Der Obduktionsbericht gibt uns ein exaktes makroskopisches Bild von Webers Lungenleiden. In Verbindung mit den jahrelangen Krankheitssymptomen läßt sich der Krankheitsverlauf somit auch ohne mikroskopische Untersuchungen, die es damals noch nicht gab, gut rekonstruieren.

Epikrise

Im Kapitel »Frédéric Chopin« (Band I) wurde der übliche Verlauf einer chronischen Lungentuberkulose, ohne wirksame Behandlung, schon kurz dargelegt. In Webers und Chopins Krankengeschichten finden sich viele Gemeinsamkeiten, angefangen vom erreichten Lebensalter, das keine 40 Jahre betrug. Mit entscheidend für die Chronizität des Lungenleidens dürfte bei Weber die vermutete Tuberkuloseerkrankung seiner Mutter gewesen sein. Mit ihr hatte er während seiner Jugend enge Kontakte. Das bedeutete, daß er die tuberkulöse Erstinfektion, die an sich meistens abheilt oder vernarbt, nicht zu bewältigen vermochte, da er ständig neuen Invasionen von Tuberkelbakterien ausgesetzt war. Ähnliches sahen wir bei Chopin, bei dem die früh an Tuberkulose verstorbene Schwester Emilia den Ansteckungsherd gebildet hatte. Sowohl bei Weber als auch bei Chopin machte sich die Progredienz der Tuberkulose zunächst über Jahre kaum bemerkbar. Die Ausbreitung der Bakterien erfolgte ganz allmählich, Aggression und gleichzeitig einsetzende Abwehr des Körpers hielten sich fast die Waage; aber nur fast, denn langsam drangen die Bakterien doch weiter vor und setzten damit ihr unerbittliches Zerstörungswerk in den Lungen fort.

Ernsthafte klinische Symptome der Tuberkulose sind bei Weber wohl im Jahr 1812 aufgetreten. Er fühlte sich plötzlich »hundskrank auf den Brustrheumatismus*« und hatte »starkes Drücken auf der Brust«. Das läßt sich gut mit einem Übergreifen der tuberkulösen Entzündung auf das äußere Rippenfell, die Pleura parietalis, vereinen, denn nur dieses ist schmerzempfindlich. Derartige »Rippenfellreizungen« bilden sich im allgemeinen rasch wieder zurück, wenn es nicht zu einer Ergußbildung im Pleuraspalt kommt.

Aber auch in diesem Fall verschwindet der Schmerz, wenn die Pleurablätter infolge der Flüssigkeitsansammlung nicht mehr aneinander reiben. Ist die Abwehrlage des Körpers nicht allzu schlecht, werden auch die Ergüsse bald resorbiert. Zurück bleiben allerdings Verwachsungen, sogenannte Schwarten, die zu einer Beeinträchtigung der Atmung führen.

Ob Webers Erkrankung 1813 in Wien mit seiner Tuberkulose in Verbindung zu bringen ist, ist ebenso fraglich wie ein Zusammenhang des von ihm 1815 erwähnten »rheumatischen Fiebers mit Erbrechen und furchtbaren Kopfschmerzen«, Symptomen, die nur sehr bedingt einer chroni-

* Die Bezeichnung »Rheumatismus« mußte für die verschiedensten Schmerzzustände herhalten. Siehe dazu auch das Kapitel »Mozart«.

schen Tuberkulose zuzuordnen sind. Durch die beiden akuten Krankheiten bestand jedoch die Möglichkeit einer Resistenzminderung mit einem Aufflackern der Tuberkulose. Das hervorstechendste Symptom der chronischen Lungentuberkulose, der ständige Reizhusten mit Auswurf, ist bei Weber spätestens zu Beginn des Jahres 1815, also 11 Jahre vor seinem Tod nachweisbar. Man kann davon ausgehen, daß damals auch schon kleine Kavernen mit Einschmelzungen von Lungengewebe bestanden haben. 1818 war die Krankheit so weit fortgeschritten, daß sich Weber wohl nie mehr voll gesund fühlte, auch nicht während des Jahres 1823, aus dem wenig über sein Befinden bekannt ist. Sein Leben wurde unaufhörlich von Hustenreiz und Auswurf, von Fieberschüben mit Schweißausbrüchen, von zunehmender Atemnot, Schmerzen auf der Brust, allgemeiner Abgeschlagenheit, Lähmung der Schaffenskraft und Depressionen begleitet. 1821 trat erstmals blutiger Auswurf auf, eine Folge der Arrosion (Annagen) von Blutgefäßen in der Lunge durch die Tuberkulosebakterien. 1822 scheint sich während der Wienreise das bei der Obduktion gefundene tuberkulöse Kehlkopfgeschwür bemerkbar gemacht zu haben, als Weber »halskrank« war. Derartige Geschwüre sind die natürliche Folge bei einer offenen Lungentuberkulose, da der Auswurf der Kranken Tuberkelbakterien enthält, die sich am Kehlkopf festsetzen. So war Weber seit dieser Zeit, wahrscheinlich aber auch schon vorher, hochinfektiös. Man nahm damals zwar an, daß die Tuberkulose ansteckend sei, kannte aber den Ansteckungsmodus nicht genau, und eine Isolierung der Kranken gab es nicht. Hätte Weber nach der Entdeckung der Tuberkelbakterien durch Robert Koch (1882) gelebt, wäre er wohl in eine Heilstätte verbracht worden und ähnlich wie Kafka dort einsam gestorben. Heute würde seine Erkrankung kein Problem mehr darstellen. Frühzeitig durch Röntgenuntersuchungen diagnostiziert und mit Tuberkulostatika behandelt, hätte sie seine Lebenserwartung kaum verringert.

Es ist bislang nicht geklärt, warum im Verlauf der chronischen Lungentuberkulose immer wieder Zeitabschnitte einer Beruhigung des Leidens eintreten, die allerdings oft einem anschließenden um so schnelleren Verlauf Platz machen. Bei Weber trat 1823 eine solche scheinbare Beruhigung der Progredienz seines Leidens ein, in Wirklichkeit leitete sie aber die Endphase ein.

Inzwischen war auch Webers Herz ganz erheblich in Mitleidenschaft gezogen, wobei die fortlaufende Zerstörung von Lungengewebe und die Schwartenbildung im Bereich der Pleurablätter zu einer Überlastung der rechten Herzkammer geführt hatten. Die dadurch hervorgerufenen Wasseransammlungen in den Unterschenkeln und Füßen waren derart ausgeprägt, daß er nur noch in Pantoffeln gehen konnte, da ihm kein Schuh mehr paßte.

Webers Ende war das bei einem chronisch Tuberkulosekranken häufige. Zu seiner totalen Abmagerung (Kachexie) durch die Krankheit, zu den vorhandenen Symptomen seitens der Lungen, des Herzens und des Kehlkopfgeschwürs gesellten sich noch starke Durchfälle, die ihn Tag und Nacht nicht zur Ruhe kommen ließen. Möglicherweise waren sie durch ein Übergreifen der Tuberkulose auf den Darm bedingt. (Ähnliche Diarrhöen bestanden auch bei Chopin im Finalstadium seiner Tuberkulose; er suchte deswegen noch den berühmten Arzt Jean Cruveilhier auf). Infolge der dauernden Überbeanspruchung hatte sich der Herzmuskel derart vergrößert, daß die kritische Muskelmasse (mehr als 500 g) überschritten war: Das Herz hörte auf zu schlagen. Ohne Todeskampf erlag Weber einem plötzlichen Herzstillstand.

Schon zu Webers Lebzeiten staunten alle, die ihn kannten, darüber, daß er als Schwerstkranker bis kurz vor seinem

Ende noch eine solche Energie und Tatkraft aufbrachte. Bis zu seinem Todestag stand er am Dirigentenpult, obwohl er kaum zu gehen vermochte, nach Luft rang und kaum noch sprechen konnte. Dazu komponierte er noch! Es sind Kompositionen, denen man nichts von Krankheit, nichts von den quälenden Beschwerden anmerkt, unter denen sie geschrieben sind. Die Musik des »Oberon« besitzt denselben Weberschen Zauber und die Romantik wie die des »Freischütz«, ja, die Ouvertüre ist vielleicht noch mitreißender. Weber kann deswegen als Schulbeispiel dafür gelten, wie müßig es letzten Endes ist, Zusammenhänge zwischen Krankheit und schöpferischem Wirken eines Genies zu suchen. Gerade bei ihm versagen alle derartigen Spekulationen. Als gesunder Mensch hätte er wohl mehr komponiert, — aber anders? Das ist bei der konsequenten Entwicklung seines großartigen, ganz eigenen Stils nicht anzunehmen.

Literatur

Benedict, J.: Carl Maria von Weber. London 1881.
Böhme, G.: Medizinische Porträts berühmter Komponisten. Stuttgart/New York 1979.
Franken, F. H.: Krankheit und Tod großer Komponisten. Baden-Baden/Köln/New York 1979.
Gehrmann, H.: Carl Maria von Weber. Berlin 1899.
Hefele, F.: Die Vorfahren Carl Maria von Webers. Karlsruhe 1926.
Hofmann, H.: Carl Maria von Weber, Leben und Werk. Husum 1978.
Hürlimann, M.: Carl Maria von Weber. Zürich 1973.
Kapp, J.: Carl Maria von Weber. Stuttgart/Berlin 1922.
Leinert, M.: Carl Maria von Weber. Reinbeck 1978.
Warrack, J.: Carl Maria von Weber. 2. Auflage. Cambridge/London/New York/Melbourne 1972.
Weber, C. M. von: Reisebriefe an seine Gattin Caroline. Hrsg. von seinem Enkel. Leipzig 1886.
Weber, C. M. von: Briefe an Hinrich Lichtenstein. Hrsg. von Ernst Rudorff. Braunschweig 1900.

Weber, C. M. von: 77 bisher ungedruckte Briefe. Hrsg. von Leopold Hirschberg. Hildburghausen 1926.
Weber, C. M. von: Briefe. Hrsg. von Hans Christoph Worbs. Frankfurt/M. 1982.
Weber M. M. von: Carl Maria von Weber — ein Lebensbild. 3 Bde. Leipzig 1864-1866.
Zschacke, G.: Carl Maria von Weber. Romantiker im Aufbruch. Lübeck 1985.

Gioacchino Rossini

(1792-1868)

Einleitung

Es ist noch keine zwei Jahrzehnte her, daß man Rossini, bis dahin kaum mehr als durch seinen »Barbier von Sevilla« bekannt, als Komponisten weiterer gleichwertiger Opern wiederentdeckte. Wenn heute seine Arien in den großen Opernhäusern der Welt erklingen, brausen Beifallsstürme los. Seine spritzigen und doch tief empfundenen Melodien reißen die Zuhörer genau so mit wie zu seinen Lebzeiten, als er einer der gefeiertsten Komponisten überhaupt war. Bald nach seinem Tod geriet er jedoch in Vergessenheit. Neben dem »Barbier« hielten sich nur einige seiner schmissigen Ouvertüren in den Repertoires von Kur- und Unterhaltungsorchestern, davon abgesehen schien die Zeit über ihn hinweggegangen zu sein. Aber es schien nur so, denn in den siebziger Jahren trat ein Wandel ein. Geistreiche Regisseure und Dirigenten, gemeinsam mit einem Aufgebot hervorragender Orchester und Sänger, besannen sich auf die Kostbarkeiten, die Rossini für die Opernbühne hinterlassen hat, deren Interpretation aber höchste Ansprüche an die Ausführenden stellt. Sein zweiter Siegeszug nahm den Anfang mit den Wiederaufführungen der Buffoopern »La Cenerentola«, »L'Italiana in Algeri« und »Graf Ory«. Es war Jean Pierre Ponnelle, Regisseur, Bühnenbildner und Kostümgestalter in einer Person, der mit seinen faszinierenden Inszenierungen u.a. an der Rheinoper in Düsseldorf das Comeback einleitete.

Die Rossini-Renaissance wäre jedoch unvollständig geblieben, hätte man sich nicht seiner auch als Schöpfer bedeutender Seria-Opern erinnert. Sein Metier war beileibe nicht nur die komische Oper, sondern auch die dramatische. In Erinnerung geblieben war der »Wilhelm Tell«, an den sich wegen seiner ungeheuren technischen Schwierigkeiten auch heute kaum eine Bühne heranwagt, während Werke wie »Tancredi«, »Elisabetta«, »Armida«, »Moses in Ägypten«, »Die diebische Elster« (mit der scheinbar komischen Ouvertüre) oder »La Donna del Lago« erst wieder der Vergessenheit entrissen werden mußten. Es sind unsere hervorragendsten Dirigenten wie Claudio Abbado, Riccardo Muti, Riccardo Chailly und Alberto Erede, die Rossini wieder den Platz an den Opernhäusern der Welt eingeräumt haben, der ihm gebührt.

Noch weniger als über den Komponisten Rossini weiß man allgemein über sein Leben. Wenn bei dem gewaltigen Joseph Haydn die Mär vom gutmütigen »Papa« nicht auszurotten ist, so sind es bei Rossini die Geschichten, daß er mehr gekocht und gut gegessen als komponiert habe. Wie anders sieht dagegen die Wirklichkeit aus. Rossini gehörte zu den geistvollsten Persönlichkeiten des letzten Jahrhunderts,er war ein hochsensibler Mensch, einerseits von urwüchsigem südländischen Humor, andererseits depressiv und ängstlich. Dieser so feinsinnige Mann wurde viele Jahre seines Lebens hindurch von einer chronischen Krankheit gequält, die er sich schon in der Jugend zugezogen hatte. Es war eine Gonorrhöe (Tripper), die immer wieder aufflammte. Daneben umgibt Rossini ein Geheimnis, das wohl nie zu lüften sein wird: Schon mit 39 Jahren fiel er in schöpferische Resignation. Nach der Komposition des »Wilhelm Tell« schrieb er keine einzige Oper mehr, obwohl er noch vierzig Jahre lebte. Was noch aus seiner Feder floß, waren, von zwei geistlichen Werken abgesehen, launige Gelegenheitskom-

Abb. 1 Rossinis Geburtshaus in Pesaro.
Photographie.

positionen für Freunde, festliche Anlässe oder den Hausgebrauch.

Familie und Jugend

Rossini wurde am 29. 2. 1792 in Pesaro, einer Hafenstadt an der Adria, etwa auf der Höhe von Florenz, geboren. Der Vater Giuseppe Antonio (1758 - 1839) war dort als Trompeter und Hornist tätig, die Mutter Anna geborene Guidarini (1771 - 1827) als Sängerin. Man hatte erst Ende September 1791 geheiratet, nachdem Anna im fünften Monat schwanger war. Zum Verständnis von Rossinis Krankengeschichte ist ein Abstecher in die Familienverhältnisse, aus denen er kam, erforderlich, denn die sexuellen Gepflogenheiten waren hier recht frei. So hatte seine Mutter, die sehr schön gewesen sein soll, offenbar ein gewisses Vorleben aufzuweisen. Ihre jüngere Schwester wurde später sogar der Prostitution angeklagt. Anna verblutete mit 56 Jahren an einem rupturierten Aortenaneurysma als Folge einer krankhaften Erweiterung und Verdünnung der Gefäßwand der Hauptschlagader. Häufigste Ursache davon sind langjährige syphilitische Erkrankungen.

Die Seßhaftigkeit in Pesaro währte nur kurz. Bald war das Ehepaar Rossini mit seinem Sohn wieder unterwegs, da der Vater in verschiedenen Städten wie Bologna, Iesi und Ferrara Engagements als Orchestermusiker hatte. 1802 ließ sich die Familie in Lugo nieder, wechselte aber schon 1804 nach Bologna über, wo Rossini, jetzt 12 Jahre alt, Musikunterricht bei dem bekannten Padre Angelo Tesei erhielt. 1806 trat er für vier Jahre in das dortige Liceo musicale ein. Inzwischen war man längst auf die außerordentlichen musikalischen Fähigkeiten Rossinis aufmerksam geworden. So hatte er seine originellen »Sonate a quattro« komponiert, die man heute gerne noch hört und die er selbst später als seine »Jugendsünden« bezeichnete.

Rossini wurde somit, wie schon seine Eltern, inmitten der Welt von Musikern, Sängerinnen und Sängern groß, in der man die Moralbegriffe nicht allzu eng sah. Frühzeitige sexuelle Beziehungen waren an der Tagesordnung und damit die Gefahr, sich mit einer Geschlechtskrankheit zu infizieren, groß. Rossini äußerte später selbst, daß er bereits als Vierzehn- bis Fünfzehnjähriger regelmäßig sexuellen Verkehr mit verschiedenen Partnerinnen hatte. So ist es nicht verwunderlich, daß er sich, noch nicht erwachsen, eine venerische Erkrankung zuzog. Man nimmt an, daß es 1807 oder 1808 geschah. Dabei hatte er insofern Glück, daß er sich nicht syphilitisch infizierte, sondern mit der gerade hinsichtlich der Spätfolgen harmloseren Gonorrhöe.

Nach dem Abgang vom Liceo musicale war Rossini als Cembalist und Compositeur am Teatro il Corso in Bologna tätig. Damals lernte er seine spätere erste Frau, die sieben Jahre ältere Spanierin Isabella Colbran (1785 - 1845) kennen, die zu den großen Primadonnen ihrer Zeit gehörte. Seine ersten Opern schrieb Rossini als Zwanzigjähriger, so »Il Signor Bruschino«, »Tancredi«, »Die seidene Leiter« und ein Jahr später »Die Italienerin in Algier«. Den »Barbier von Sevilla« komponierte er 1816, als er bereits ein allerorts gefeierter Komponist war. Da er seine Opern nach Möglichkeit selbst einstudierte und dirigierte, war er fast ständig zwischen Vendig, Mailand, Neapel und Rom unterwegs. Triumphal wurde für ihn eine Reise nach Wien im Jahre 1822, wo man im Kärnthnertortheater vom April bis Juli ein Rossini-Fest veranstaltete. Der Rossini-Enthusiasmus grenzte geradezu an Massenhysterie. So ist es kein Wunder, daß Carl Maria von Weber, der gerade in Wien um die Anerkennung seines Freischütz rang, Rossini und die italienische Oper am liebsten in Acht und Bann getan hätte. Dabei konnte er sich deren Faszination auch nicht entziehen.

Rossini war jetzt 30 Jahre alt und im Vollbesitz schöpferischer Energie. Soweit wir es wissen, verursachte ihm seine Gonorrhöe noch keine oder nur wenig Beschwerden. Das ist charakteristisch für diese Krankheit, deren Symptome im Gegensatz zur Lues lokalisiert bleiben und sich hauptsächlich auf die Schleimhäute beschränken. Auch zeigen sie eine Tendenz zu spontaner Heilung. Dem Erkrankten fällt vielleicht nur ein Brennen beim Wasserlassen oder ein leichter eitriger Ausfluß aus der Harnröhre auf. Frauen bemerken eine Infektion oft überhaupt nicht. Gerade deswegen sind einer Verbreitung Tür und Tor geöffnet. Neue Infektionen lösen alte, gerade heilende oder geheilte ab. Ernsthafter werden die Symptome, wenn das Leiden, wie später bei Rossini, chronisch geworden ist.

So bestanden 1822 keine Bedenken, die einer Heirat mit Isabella Colbran im Wege gestanden hätten, da Rossini als gesund gelten konnte. Soweit wir wissen, hatte er lediglich einige der üblichen Infektionskrankheiten durchgemacht, darunter 1818 eine Halsentzündung. Sie muß recht schwer gewesen sein, denn in der Presse wurde bereits sein Ableben gemeldet. Am ehesten dürfte es sich dabei um eine der gefährlichen Halsanginen oder gar um eine Diphterie, vielleicht mit Erstickungsfällen, gehandelt haben.

Zusammen mit Isabella Colbran unternahm Rossini 1823 eine Londonreise. Dabei zeigte sich während der Überfahrt über den Ärmelkanal seine hochgradige Sensibilität. Nicht nur die Seekrankheit überfiel ihn heftig, sondern er litt auch unter derart starken Angstzuständen, daß er, in London angekommen, mehrere Tage das Bett hüten mußte und deswegen selbst eine Einladung des Königs ablehnte. Ähnlich schockiert reagierte er übrigens 13 Jahre später bei der Fahrt mit einer der ersten Eisenbahnen, die von Antwerpen nach Brüssel führte. Er war danach tagelang »nervenkrank« und schwor, niemals mehr ein derartiges Gefährt zu benutzen. Man erinnere sich in diesem Zusammenhang an

Abb. 2 Rossinis Mutter im Opernkostüm.
Königliches Konservatorium Brüssel.

den viel robusteren Joseph Haydn, den bei der Überfahrt über den stürmischen Ärmelkanal mit dem Segelschiff, wobei die meisten Reisenden »wie die geister« aussahen, »nur eine kleine angst und eine kleine üblichkeit« überfallen hatten.

Rossini blieb, von stetem Erfolg begleitet, bis Juli 1824 in London. Eines gelang ihm dort allerdings nicht, wie knapp zwei Jahre später Carl Maria von Weber, der damit eine alte Tradition durchbrach: Der Beifall war nie so andauernd, daß er sich nach der Vorstellung vor dem Vorhang zeigen mußte. Noch während des Englandaufenthalts erhielt Rossini eine Berufung als Direktor der italienischen Oper in Paris, eine Position, für die er gänzlich ungeeignet war. Er gab sie auch nach fünfviertel Jahren wieder auf, nachdem die Oper unter ihm finanziell buchstäblich abgewirtschaftet hatte. Mit dem Titel eines »Premier Compositeur du Roi et Inspecteur général du Chant en France« und einer jährlichen Rente auf Lebenszeit von 25 000 Francs ausgestattet, konnte er auf das Amt gut verzichten.

Manifestation des chronischen Leidens

1825 war Rossini monatelang krank und mußte über Wochen das Bett hüten. Näheres über die Art der Erkrankung wissen wir nicht; es könnte sich aber sehr wohl um die erste ernsthaftere Manifestation seines venerischen Leidens gehandelt haben. Anschließend scheint es wieder latent geworden zu sein, denn erst sechs Jahre später, während einer Spanienreise 1831, erkrankte Rossini erneut und lag wochenlang zu Bett. Herbert Weinstock, dem wir die bisher umfassendste und genaueste Rossini-Biographie verdanken, meint sich sicher darin zu sein, daß diesmal ursächlich die gonorrhoische Erkrankung dafür verantwortlich war.

Abb. 3 Rossini um 1830.
Zeitgenössischer Kupferstich.

Ganz allgemein sprach man allerdings davon, daß Rossini an einer schmerzhaften Lumbago (einem Hexenschuß) leide. Doch schon seine depressiven Verstimmungszustände, die sich nun einstellten und ihn jahrelang begleiten sollten, sprechen gegen eine nur vorübergehende akute Erkrankung, wie es eine Lumbago ist. Weder sein Leiden noch die Depressionen hinderten Rossini aber daran, bei gutem Appetit zu bleiben. Er war als Enddreißiger schon derart fettsüchtig, daß die Ärzte ihm zum Abmagern eine Essigkur verordneten.

Während der Erkrankung 1831 lernte Rossini Olympe Pélissier kennen, wahrscheinlich in dem französischen Ort Aix-les-Bains nahe der spanischen Grenze, auf der Rückreise nach Paris. Sie übernahm seine Pflege und dürfte auch bald seine Geliebte geworden sein.Inwieweit das allerdings bei Rossinis Leiden körperlich möglich war, bleibt ein Geheimnis. Olympe war außerehelich geboren, aber nach der Heirat ihrer Mutter mehrere Jahre später von deren Mann als Stieftochter adoptiert worden. Bevor sie Rossini kennenlernte, hatte sie eine Zeitlang mit dem Maler Horace Vernet (1789 - 1863) zusammengelebt und auch schon einige andere Liebschaften gehabt.

Nach Paris zurückgekehrt, blieb Rossini weiterhin kränklich. Seine Ärzte rieten ihm zu einem längeren Aufenthalt in Bologna, damit er dort die frische Landluft einatmen könne. So begab er sich endlich im Juni 1834 nach Italien, kehrte aber schon im August wieder nach Paris zurück, nachdem eine Besserung in seinem Befinden eingetreten war. Als ihn im September Vincenzo Bellini dort traf, erschien er ihm als »sehr gesund«. Anläßlich einer Reise von Paris nach Frankfurt traf Rossini mit Mendelssohn zusammen, der darüber in einem Brief an seine Schwester Rebecka schreibt: » Gestern Morgen ging ich zu Hillers [Ferdinand Hiller] und wen fand ich dort? Rossini dick und fett in seiner liebens-

Abb. 4 Olympe Pélissier.

würdigsten und festlichen Stimmung. Ich kenne wenig Menschen, die so geistvoll und amüsant sind, wie Rossini - wenn er es will. Und wir taten nichts als lachen.«

Nach einer Kur - welcher Art ist nicht bekannt - in Bad Kissingen, hielt sich Rossini wieder einige Zeit in Bologna auf. Dort leitete er die legale Trennung von Isabella Colbran ein, die im September 1837 vertraglich gültig wurde. Dann holte er Olympe nach Italien, lebte aber nicht mit ihr unter einem Dach zusammen. Zeitweilig brachte er sie in Mailand unter. Bis heute ist es nicht geklärt, ob Rossini auf Grund seines venerischen Leidens sein Sexualleben dauerhaft einschränken oder ganz darauf verzichten mußte und Olympe deswegen einen gewissen Ausgleich mit anderen Partnern suchte. Weinstock glaubt einigen ihrer diskreten Andeutungen entnehmen zu können, daß dies der Fall war. Die Bemerkung im Bologneser Arztbericht, Rossini habe sich mit 44 Jahren der Leidenschaft gegenüber Frauen gemäßigt, könnte im gleichen Sinne sprechen.

1838 verschlechterte sich Rossinis Gesundheitszustand. Jetzt standen ganz die Beschwerden durch seine chronisch gewordene Gonorrhöe im Vordergrund; die Entzündung der Harnröhre war so ausgeprägt, daß die Schmerzen in die Harnblase und auf den Enddarm ausstrahlten. Dazu quälten ihn Gelenkbeschwerden, aber auch seine depressiven Verstimmungszustände nahmen zu. 1839 schreibt er an einen Freund: »Ich habe das Kostbarste, das ich auf der Erde hatte, verloren, bin ohne Illusionen, ohne Zukunft, ich stelle mir vor, wie die Zeit schwindet! Mein Arzt schickt mich nach Neapel, um dort Schlammbäder zu nehmen, Seebäder und andere Kurmitel. Ich verbrachte einen solch grausamen Winter, daß ich mich zu dieser Reise entscheiden muß, eine Reise, die unter anderen Umständen angenehm für mich gewesen wäre....« Der Publizist Fétis, der Rossini in Bologna besucht hatte, schrieb 1841 in der Pariser »Revue et Gazette

Musicale«: »Ich muß gestehen ich war betroffen, als ich beim Eintritt in sein Haus seinen ausgemergelten Körper, seine gealterten Gesichtszüge sah, und ich sah nichts als Schwäche in seinen Bewegungen. Eine Erkrankung des Harntrakts, die er sich vor vielen Jahren zugezogen hat, ist der Hauptgrund seiner Depressionen. Der Tod seines Vaters [dieser war 1839 gestorben] stürzte ihn in den tiefsten Kummer.« Als alle Bemühungen, eine Besserung herbeizuführen, vergeblich blieben, wandte sich Olympe Mitte Dezember 1841 an den befreundeten Hector Couvert in Paris mit der Bitte, dort eine medizinische Kapazität zu suchen, die Rossini erfolgreich behandeln könne. Im Februar 1842 schickte sie einen ausführlichen Krankenbericht an Couvert zur Weitergabe an einen offenbar in Paris ausfindig gemachten Arzt, der die Behandlung übernehmen wollte. Durch diesen erhalten gebliebenen Bericht, dessen Verfasser, ein Bologneser Arzt, namentlich nicht genannt ist, sind wir über Rossinis Krankheit und deren Symptome gut unterrichtet. Die wesentlichen Passagen seien deswegen wörtlich zitiert.

Der Bologneser Arztbericht

Der in französischer Sprache abgefaßte Bericht beginnt mit der Feststellung, daß Rossini ein sehr sensibles Nervensystem habe. Dann heißt es weiter:»In seiner frühen Jugend hat er Venus mißbraucht und sich öfters gonorrhoische Infektionen zugezogen, die er mit Adstringentien [zusammenziehende Mittel] und Abführmitteln behandelte. Im Alter von 44 Jahren mäßigte er seine Leidenschaften für die Frauen und hielt sich im Essen und Trinken zurück. Schon zuvor hatten sich bei ihm Hämorrhoiden ausgebildet, die, wenn sie bluteten, seiner Gesundheit gut taten. Etwa vor vier Jahren bemerkte Mr. Rossini Ausfluß aus der Harnröhre, der schleimig, von weißlicher, oft auch gelblicher und grünlicher Färbung war. Er verspürte zu dieser Zeit beim Wasserlassen Beschwerden. Der Urin selbst war klar, der Urinstrahl jedoch fast immer geteilt, um plötzlich einfach und natürlich zu werden. M. R. wandte deswegen oft kühlende Arzneien und Abführmittel an, ohne damit Erfolg zu haben. Im Februar und März 1840 gab man erweichende Mittel, wie Mandelöl, Milch, Malven, Gummi, etc., in die Harnröhre. Einen Monat später klagte der Kranke über ein Druckgefühl von der Harnröhrenspitze bis zum Darmausgang. Der Ausfluß wurde mehr schleimig und zeigte jetzt Blutbeimengungen; auch wurde er reichlicher und es stellte sich Harnträufeln ein. In dieser Situation entschlossen sich die Ärzte, Blutegel auf die Hämorrhoiden und den Damm [das Gebiet zwischen Harnröhre und Darmausgang] zu applizieren, weil ihnen aufgefallen war, daß die Hämorrhoiden drei Jahre nicht geblutet hatten, was zuvor der Fall gewesen war. [Blutungen aus Hämorrhoiden galten früher als Ausdruck einer günstigen Heilungstendenz unter der Vorstellung, daß sie »blutreinigend« wirkten. Durch das Ansetzen von Blutegeln, die sich mit Blut vollsogen, suchte man die fehlende Blutung zu ersetzen.] Diese Applikation führte man an zwei Tagen durch, aber zwei Stunden nach der zweiten Applikation kam es zu einer totalen Harnverhaltung. Als diese sich auch durch ein Sitzbad nicht beheben ließ, war der Kranke erschrocken und man schickte ihm einen Chirurgen. Dieser führte einen elastischen Katheter in die Blase ein, die nur eine sehr kleine Menge Urin enthielt. Man liess den Katheter 48 Stunden liegen ohne daß sich Fieber oder eine Entzündung einstellten und führte einen Aderlass durch. Nach Entfernung des Katheters war die Harnverhaltung behoben, das Wasserlassen aber mit Schmerzen verbunden.«

Der Bologneser Arzt berichtet weiter, daß der Ausfluß

aus der Harnröhre auch in den nächsten Monaten trotz lauwarmer Bäder und kühler Getränke nicht aufgehört habe. An den Geschlechtsteilen sei außerdem ein juckendes Ekzem aufgetreten. Auch hätten sich über Monate anhaltende Diarrhöen eingestellt, die man auf den Genuß des Venediger Trinkwassers zurückgeführt habe. Rossini hatte sich dort zum Carneval 1841 aufgehalten. Im April 1841 habe der Patient den berühmten Arzt Carl Gustav Carus (1789 - 1869), einen Freund Goethes, konsultiert, der sich auf der Durchreise in Bologna befand. Dieser sei der Auffassung gewesen, daß die chronische Entzündung der Harnröhre im Zusammenhang mit Rossinis Hämorrhoidalleiden stehe. So habe er die Einnahme von Schwefelblume, Weinstein und mehrmaliges Anlegen von Blutegeln, dazu Rizinusöl zum Abführen (Rossini hatte bislang salinische Abführmittel genommen) verordnet. Ausserdem habe er eine Kur in Marienbad empfohlen. Rossinis Ärzte hätten es aber vorgezogen, ihn in die Bäder von Poretta, in der Nähe von Florenz, zu schicken, wo er zwar von dem juckenden Ekzem befreit worden wäre, der Ausfluß aus der Harnröhre habe aber unvermindert angehalten. Durch die quälenden Schmerzen und wahrscheinlich auch durch die vielen Arzneimittel bedingt seien nunmehr Magenbeschwerden aufgetreten, und der Kranke habe stark an Gewicht abgenommen. Sein Ernährungszustand sei aber besser geworden, nachdem man ihm nur noch ein Magnesium-Schwefelblumengemisch zum Einnehmen verordnet habe. Trotz aller Bemühungen sei jedoch der Ausfluss aus der Harnröhre geblieben. Rossini befürchte deswegen zu Recht eine Harnröhrenstriktur (narbige Verengung). Seit acht Jahren treibe er dagegen seine eigene Prophylaxe, indem er sich einen Monat im Jahr täglich selbst für 20 Minuten einen Katheter in die Harnblase einführe.

Am Ende seines Berichtes stellt der Bologneser Arzt die

Abb. 5 Die Villa

Frage, ob die Harnbeschwerden mit dem ständigen Ausfluß aus der Harnröhre nicht eventuell noch mit dem 48-stündigen Einführen des Katheters durch den Chirurgen und den zuvor in die Harnröhre gegebenen Arzneien zusammenhängen könnten, da sie seither ununterbrochen vorhanden seien. Oder, so fragt er, »sind Ulcerationen [Geschwüre] in der Blase? oder hat sich die äusserliche Psoriasis [gemeint ist das juckende Ekzem] nach innen ausgebreitet? Oder sind es, wie Professor Carus meint, die Hämorrhoiden, die diese allgemeine Störung veranlassen?«

Zur Behandlung nach Paris

Es verging noch mehr als ein Jahr, ehe Rossini sich zur ärztlichen Behandlung nach Paris begab. Zuvor fühlte er sich zu schwach und zu krank dazu. Erst am 14. Mai 1843 machte er sich mit Olympe auf die Reise und traf am 27. Mai in Paris ein. Offenbar hatte Hector Couvert als geeigneten Arzt Jean Civiale (1792 - 1867) ausgesucht, denn Rossini begab sich sogleich in dessen Behandlung. Jean Civiale galt als hervorragender Chirurg, speziell auf dem Gebiet der Urologie. Bekannt geworden ist er durch die Entwicklung eines Instrumentariums zur Zertrümmerung von Steinen in der Harnblase. Die Bologneser Ärzte waren offenbar der Meinung, daß eine medikamentöse Behandlung Rossinis nicht mehr erfolgversprechend und ein chirurgischer Eingriff erforderlich sei. Das war aber wohl nicht der Fall, denn über ein operatives Vorgehen Civiales ist nichts bekannt. Allerdings wissen wir nicht genau, welcher Behandlung er Rossini unterzog, da stets nur von einer »Kur« die Rede ist. Sie begann damit, daß Rossini absolute Ruhe einhalten mußte und von der Außenwelt isoliert wurde. Das hatte seine guten Gründe, denn Rossinis Haus glich nach seinem Eintreffen in Paris mehr einem Theaterfoyer als einer privaten

Wohnung, so drängelte man sich darin. Trotz der von Civiale angeordneten »Isolierung« besuchten Rossini während der vier Monate seiner »Kur« immerhin noch 2000 Personen. Ja, man wollte ihn auch dazu überreden, eine neue Oper zu komponieren. Er lehnte ab und verwies darauf, daß man in Paris erst einmal seine Oper »La Donna del Lago« aufführen solle.

Während der Monate der »Abgeschiedenheit« litt Rossini zwar unter starken Depressionen, aber am Ende behielt Civiale mit seinen Maßnahmen recht. Im September war Rossini soweit wieder hergestellt, daß er nach Bologna zurückkehren konnte. Schon im August hatte er seinem Freund Zoboli nach dort geschrieben: »Ich wollte Dir nicht eher schreiben, um Dich von dem Zustand meiner Krankheit in Kenntnis zu setzen, bis ich mit meiner Kur weiter fortgeschritten war. Ich kam zu einer ungünstigen Jahreszeit nach Paris, die eine vollständige medizinisch chirurgische Behandlung, die man mir angeraten hatte, unmöglich machte. Tausend Zwischenfälle und eine ständige Gereiztheit behinderten den Fortschritt. Seit 20 Tagen etwa haben sich die Dinge geändert und jetzt kann ich Dir sagen, daß ich völlig zufrieden bin hierher gekommen zu sein, um mich auszukurieren, woran ich jetzt sicher glaube. Ende September werde ich in Bologna und fähig sein, unsere täglichen Spaziergänge zu machen und gute Tortellini zu essen.«

Die Rückkehr nach Bologna bedeutete keineswegs, daß sich Rossini von nun an gesund fühlte, obwohl sich die Beschwerden seitens des Harntrakts gebessert hatten. Seine depressiven Verstimmungszustände waren jetzt, in den 12 Jahren bis zu seiner endgültigen Übersiedlung nach Paris, mehr oder weniger immer vorhanden. Es gibt darüber einige zeitgenössische Zeugnisse. So berichtet 1845 ein Freund nach einem Besuch bei ihm: »Er klagte dauernd über seine Gesundheit, besonders die Schwäche in seinen Beinen, aber ich glaube, dass seine Krankheit mehr in seiner Seele als in seinem Körper sitzt. Sein Gesicht sieht nicht leidend aus, er geht mit der Behendigkeit eines Dreissigjährigen, seine Konversation ist geistvoll.« Emilia Branca, die Ehefrau des Librettisten Felice Romani, notiert 1854 über einen Besuch bei Rossini, der seit 1851 in Florenz lebte, er glaube sich von der Welt vergessen. Die Unterhaltung mit ihm habe sich nur um seine Gebrechen, »an denen er litt, oder sich einbildete zu leiden«, gedreht. »Andere in meinem Zustand würden sich umbringen, aber ich... ich bin zu feige dazu und habe den Mut nicht, es zu tun«, soll er dabei ausgerufen haben. Nach Emilia Brancas Meinung litt Rossini an einer Neurose mit Depressionen und nicht an einer ernsteren organischen Erkrankung. In gleicher Weise äußert sich auch Rossinis Freund Filippo Mordani 1854. So habe Rossini ihm gesagt, er leide neben seiner allgemeinen Schwäche an einer Hydrophobie (Wasserscheu), und ein andermal: »Ich habe alle Frauenleiden, was mir fehlt, ist nur der Uterus [Gebärmutter].«

Neben seinen Depressionen und einer allgemeinen Hypochondrie quälte Rossini aber auch eine chronische Schlaflosigkeit, wie sie bei solchen Patienten häufig ist. 1855 klagte er gegenüber Filippo Mordani, er habe seit 14 Monaten nur fünfminutenweise geschlafen. »Tod ist besser als ein solches Leben« sagte er zu ihm, und zwei Monate später: » ›Niemand kennt den Schmerz, den mein nervöses Leiden bringt. Schau her, ich kann meine Arme nicht höher als so heben.‹ Dabei hob er sie nur bis in Kopfhöhe.«

Zur Besserung seiner Beschwerden suchte Rossini die verschiedensten Badeorte auf, aber ohne Erfolg. Auch versuchte er es, als alles nichts half, mit einer Magnetkur. Dazu »magnetisierte« ein sogenannter Conte Ginasi, ein medizinischer Scharlatan, Rossinis Nachtmütze.

Nachdem alles vergebens war, zog Rossinis behandelnder Arzt, Dr. Felucci, den bekannten Professor Maurizio Buffalini als Konsiliarius hinzu. Nach eingehender Untersuchung bestätigte er, daß Rossinis Leiden rein seelisch bedingt sei. Dieses Urteil dürfte ausschlaggebend dafür gewesen sein, daß Olympe den Entschluß faßte, mit Rossini ganz nach Paris überzusiedeln. Für ihn war die Luft der Weltstadt die beste Medizin. Olympe sollte recht behalten.

Paris

Ende April 1855 verließen Olympe und Rossini, begleitet von ihren Hausangestellten Tonino und Ninetta, mit der Pferdekutsche Florenz. Nach einer Reise von fast einem Monat, mit Unterbrechungen u.a. in Nizza, kam die Reisegesellschaft am 25. Mai wohlbehalten in Paris an. Nur wenigen alten Freunden gelang es, von Rossini empfangen zu werden. Sie fanden ihn erschreckend abgezehrt, bleich und schwach. Er hatte sogar die Lust am Essen verloren. Schon bald lebte er jedoch wieder auf. Entscheidend für die Besserung seines Befindens dürfte neben dem Atem der Weltstadt Paris die Tatsache gewesen sein, daß er dort allenthalben die Anerkennung fand, die er brauchte. Auf den Spielplänen der Opernhäuser standen seine Opern (allein der »Wilhelm Tell« erlebte an der Pariser Oper bis 1867 500 Aufführungen), er wurde geachtet und geehrt, man feierte ihn wie eh und je und er galt auch im Alter soviel wie in seinen jungen Jahren. Sein gonorrhoisches Leiden hatte sich soweit beruhigt, daß kaum noch die Gefahr eines neuerlichen Aufflackerns bestand, vor allem brauchte er keine Harnröhrenstriktur mehr zu befürchten, vor der er immer solche Angst gehabt hatte.

Wie in früheren Jahren besuchte Rossini während der letzten Pariser Jahre regelmäßig verschiedene Kurorte, so Bad Kissingen, Wildbad und einige Seebäder. Schon im Juli

Abb. 6 Rossini um 1860.
Photographie von N. Blanc.

1855 reiste er in das Seebad Trouville. Dort traf der Komponist und Musikschriftsteller Ferdinand Hiller fast täglich mit ihm zusammen. Er berichtet darüber in seinen 1868 erschienenen »Plaudereien mit Rossini«. Hiller war ein aufmerksamer Beobachter, dem wir manches wichtige Zeugnis über bedeutende Persönlichkeiten seiner Zeit verdanken. Er hielt Rossini weder physisch noch psychisch für ernstlich krank. Er schreibt: »Man hat über den Gesundheitszustand Rossinis im Laufe dieses Sommers erschrecklich viel gefabelt. Daß er sich vier Wochen Zeit und einen eigenen Wagen und Postpferde genommen, um von Florenz nach Paris zu reisen, gab Gelegenheit zu allen möglichen Auslegungen. Daß er es dann in einem Augenblick, wo ganz Europa nach der französischen Hauptstadt stürmte, dort nicht zum Aushalten fand, machte, daß man vollends glaubte, ihn aufgeben zu müssen. Die einfache Erklärung dieser Absonderlichkeiten ist die, daß Rossinis Nervensystem sehr angegriffen und daß ihm der Lärm der Locomotive eben so unerträglich ist, als der, welcher diesen Sommer auf den Straßen von Paris herrschte. Wenn Jemand zwanzig Jahre lang fortwährend Opern componiert und fünfundvierzig Jahre lang fortwährend angebetet wird, so ist es wahrlich kein Wunder, wenn er sich abgespannt fühlt... Rossini ist jetzt 63 Jahre alt. Seine Züge sind ziemlich unverändert. Man kann nicht leicht ein intelligenteres Gesicht sehen, als das seine: eine feingeschnittenere Nase, einen beredteren Mund, ausdrucksreichere Augen und eine herrliche Stirn. Seine Physiognomie ist von südlicher Lebendigkeit, wahrhaft sprechend im Scherz und im Ernst, unwiderstehlich im Ausdrucke der Ironie, Laune, Schalkhaftigkeit.« Hiller vermerkt weiter, daß Rossini seit kurzer Zeit Zigarrenraucher geworden sei, nachdem er das Schnupfen, »das er fast leidenschaftlich liebte, seiner Gesundheit wegen aufgegeben« habe.

Rossini war abgemagert nach Paris gekommen, nahm dort aber, nachdem die Lust am Essen und Trinken bei ihm wieder erwachte, schnell an Gewicht zu. Bis kurz vor seinem Tod blieb er ausgesprochen fettleibig. Da er immer noch kein eignes Heim besaß, sondern zur Miete wohnte, erwarb er von der Stadt Paris zu günstigen Bedingungen ein Grundstück in Passy, in der Nähe des Bois de Boulogne, wo er sich eine Villa baute, zu der 1859 der Grundstein gelegt wurde. Seit dem Frühjahr 1857 komponierte Rossini auch wieder, aber keine Opern, sondern Gelegenheitsarbeiten, hauptsächlich für Klavier oder kammermusikalische Besetzung. Sie sind in einer ganzen Reihe von Alben zusammengefaßt, von denen eines z.B. die Überschrift »Quelques Riens pour album« trägt. Es enthält kurze, als »Riens« titulierte Klavierstücke, die er für Autographensammler komponiert hatte. Herausragend ist die 1864 entstandene »Petite Messe solenelle«, mit der er die Welt in Erstaunen setzte. Sie zeigt nochmals seine ganze Meisterschaft als großer Komponist. Für die Aufführungsrechte bezahlte man ihm 100 000 französische Francs, was heute einer Summe von weit über 200 000 DM entspricht. Eine eigens gegründete Sängergruppe reiste mit der Messe im Repertoire durch Frankreich, Belgien und Holland und führte sie 60 mal auf. Ursprünglich hatte Rossini die Messe für zwei Klaviere, Harmonium und gemischten Chor komponiert, schrieb sie aber vor seinem Tod noch zu einem Werk mit großer Orchesterbesetzung um.

In Paris hatte Rossini seinen gesetzmäßigen Tagesrhythmus. Etwa um acht Uhr morgens stand er auf, frühstückte mit Kaffee und Brötchen, was er in den letzten Lebensjahren durch zwei Eier und ein Glas Bordeaux ersetzte. Anschließend empfing er Besuche, erledigte Kommissionen und fuhr bei gutem Wetter in den Bois de Boulogne. Statt eines Mittagessens trank er lediglich ein Glas Wein oder Likör, da er schon um 18 Uhr ausgiebig bei gemischter italienisch-französischer Küche zu tafeln begann. Danach zog er sich mit einer Zigarre zu einem kleinen Schläfchen in sein Zimmer zurück. Den weiteren Abend verbrachte er mit Olympe oder Besuchern zusammen. Samstags wurde diese Ordnung durchbrochen, da fast regelmäßig die berühmt gewordenen Soiréen mit Musik und erlesenen Gerichten in Rossinis Haus stattfanden. Jeder, der hierzu einmal eingeladen war, pries sich glücklich. Nach Fertigstellung des Hauses in Passy verbrachten Olympe und er die Sommermonate gewöhnlich dort, während er im Winter in der Chaussée d'Antin, mitten in Paris, wohnte.

Obwohl die Pariser Jahre von 1856 - 1866 sicher zu den glücklichsten im Leben Rossinis gehörten, klagte er auch jetzt immer wieder über die verschiedensten Beschwerden. 1859 muß es ihm über längere Zeit nicht gut gegangen sein. In Briefen aus diesem Jahr äußert er verschiedentlich, daß seine Gesundheit unbeständig sei, und er deshalb weder Gesellschaften noch das Theater besuche. Man darf dabei nicht vergessen, daß er inzwischen auf die Siebzig zuging und zu den psychisch bedingten Beschwerden auch die des Alters hinzukamen. Nicht zuletzt war es seine Fettleibigkeit, die ihm Unbehagen verschaffte. Nicht ohne Grund hat Olympe einmal vermerkt: »Wir sind unwohl, es kommt von zu vielem Essen...der Maestro und ich lieben es zu essen.«

Letzte Lebensjahre

a) Altersbeschwerden

Die von organischen Krankheiten wenig beeinträchtigten Lebensjahre seit der Ankunft in Paris (1855) gingen 1866 zu Ende. Ein neuer Leidensweg begann, von dem Rossini erst der Tod erlöste. 1865 hatte Dr. Vio Bonato die ärztliche Behandlung übernommen. Anläßlich der Überführung von

Rossinis Gebeinen nach Florenz (1887) verfaßte er einen ausführlichen Bericht darüber, der uns heute eine gute Rekonstruktion der Krankengeschichte von 1865 bis 1868 erlaubt.

Obwohl Bonato schon bei der Behandlungsübernahme eine organische Herzstörung feststellte, zu der sich zunehmend »Bronchialkatarrhe und intermittierende Diarrhöen» gesellten, konnte Rossini zunächst noch seinen gewohnten Tagesrhythmus einhalten. Im Winter 1865/66 änderte sich das, da die Katarrhe intensiver und anhaltender wurden. Im März 1866 schreibt Rossini seinem alten Freund Ferucci nach Florenz, wobei er sich für sein langes Schweigen entschuldigt: »Schuld allein ist meine unsichere Gesundheit. Seit mehr als zwei Monaten werde ich von einem Alterskatarrh geplagt, der mich für den Weg auf die große Reise vorbereitet. Heute geht es mir besser und ich kann, wie Du siehst, wenigstens dieses Blatt beglücken...« Im Sommer stellte sich vorübergehend eine Besserung ein, aber schon im Herbst waren Husten und Auswurf, verbunden mit Atemnot schon bei kleinen Anstrengungen, wieder so stark, daß Rossini auf seine gewohnten Spaziergänge verzichten mußte. Im Dezember 1866 kam es nach Bonatos Worten zu einem »colpito da leggera congestione cerebrale«, womit er wahrscheinlich einen kleinen Schlaganfall mit vorübergehenden Lähmungserscheinungen meint. Bonato läßt sich nicht näher darüber aus, berichtet aber, daß sich die Zeichen des »Schlaganfalls« nach einigen Tagen der Ruhe zurückgebildet hätten. Das steht in gewissem Widerspruch zu den Angaben Weinstocks, wonach Rossini einige Zeit gänzlich unbeweglich gewesen sei. Er war aber Ende Februar wieder soweit hergestellt, daß er im Kreis seiner Freunde den 75. Geburtstag feiern konnte. Im Sommer 1867 lebte er kurzfristig sogar soweit auf, daß er u.a. eine Hymne auf Napoleon komponierte, die im Palais de l'Industrie mit 800 Instrumentalisten und 400 Sängern aufgeführt wurde. Er konnte in seinem Haus auch zahlreiche Besucher empfangen, unter ihnen den Verleger Ricordi, den Kritiker Eduard Hanslick und den Musikschriftsteller Emil Naumann.

Endgültig verschlechterte sich Rossinis Befinden im Winter 1867/68. Neben dem quälenden Bronchialkatarrh litt er nun auch in Ruhe unter Atemnot und Beklemmungen auf der Brust. Bonato meint zwar in seinem Krankenbericht, er hätte »diese nervösen Anzeichen« durch medikamentöse Behandlung beherrschen können. Das dürfte aber nur vorübergehend und eher spontan bedingt als durch seine Arzneien der Fall gewesen sein, da es keine kausale Therapie gab. Im Februar 1868 stellte sich eine gefährliche Wundrose (schmerzhafte Hautinfiltration durch Streptokokkeninfektion) am rechten Bein ein, die aber offenbar nach mehreren Tagen wieder abheilte.

Interessant ist es, in Bonatos Bericht zu lesen, daß man einmal wöchentlich die Harnröhre katheterisierte, da sie nicht nur wegen der alten Gonorrhöe, sondern auch wegen einer Vergrößerung der Prostata verengt gewesen sei.

Im März 1868 äußert Rossini in einem Brief an den italienischen Minister Emilio Broglio, daß er immer noch unter einer fürchterlichen Nervenkrankheit leide, die ihm seit mehr als fünf Monaten den Schlaf raube. Im Sommer kam es zu einer scheinbaren leichten Erholung, aber das tödliche Leiden hatte sich bereits unbemerkt manifestiert. So glaubte Bonato im September noch guten Gewissens für kurze Zeit verreisen zu können. In den wenigen Wochen seiner Abwesenheit verschlechterte sich das Befinden Rossinis jedoch derart, daß er sich nicht mehr in der Lage fühlte, für die Wintermonate von Passy in seine Pariser Wohnung in der Chaussée d'Antin zu wechseln. Das Schicksal nahm nun schnell seinen Lauf. Die Ärzte, im guten Glauben, sie könnten durch ihre Maßnahmen Rossinis Leben verlängern, bürdeten ihm nur noch mehr Schmerzen auf, als er vom natürlichen Fortgang seines Leidens gehabt hätte.

b) Tödliche Krankheit

Als Bonato Rossini am 15. Oktober wiedersah, fand er ihn sehr nervös und niedergeschlagen. Zu den vorhandenen Beschwerden seitens der Bronchien und des Herzens hatten sich Juckreiz und schmerzhafter Druck am Darmausgang eingestellt. Bei der äußerlichen Untersuchung konnte Bonato zunächst nur eine leichte Rötung der schmerzhaften und juckenden Stelle finden. Der übrige körperliche Zustand soll, so Bonato, noch befriedigend gewesen sein. Nachdem eine lokale Behandlung nicht den gewünschten Erfolg brachte, wollte er eine digitale Untersuchung des Rectums (Austastung des Mastdarms mit dem Finger) vornehmen. Der überaus sensible Rossini weigerte ich aber standhaft, sich dieser für ihn peinlichen Untersuchung zu unterziehen. Allein ein solches Ansinnen erschütterte ihn derart, daß er Bonato bat, seinen nächsten Besuch bis zum Dienstag der folgenden Woche, dem gewohnten Tag der Katheterisierung der Harnröhre, zu verschieben. Als dieser zum vereinbarten Zeitpunkt seinen Patienten wiedersah, war er erschrocken. Rossinis Gesicht war »stark gerötet«, der Puls schnell und unregelmäßig, die Zunge trocken und der Urin dunkelrot (letzteres wohl durch eine fieberbedingte hohe Konzentration). Bonato drängte erneut auf eine Austastung des Mastdarms, in die Rossini endlich einwilligte. Das Ergebnis bestätigte den Verdacht auf eine tieferliegende Ursache der schmerzhaften Rötung und Schwellung, denn schon als Bonato das erste Fingerglied in den Darm eingeführt hatte, floß ihm reichlich Eiter entgegen. Indem er den Finger vorsichtig weiter vorschob, versuchte er durch leichten Druck möglichst viel Eiter aus einem von ihm vermuteten Abszeß zu entleeren. Offenbar war aber Rossinis

Geduld bei diesem Unterfangen bald am Ende, denn Bonato verlangte wegen der »indocilità« (Unfolgsamkeit) des Patienten jetzt energisch die Hinzuziehung eines Spezialisten, wahrscheinlich aber auch, weil er die Verantwortung nicht mehr allein tragen wollte. So wandte er sich an Professor Nelaton, der ihm sein Kommen für den nächsten Tag zusagte. Am Abend besuchte Bonato aber nochmals seinen Patienten und horchte dessen Lunge ab, wobei er die Zeichen einer Lungenentzündung wahrnahm. So machte er sich gleich am nächsten Morgen selbst zu Professor Nelaton auf, um ihn von diesem zusätzlichen Befund zu unterrichten. Nelaton eilte daraufhin sofort zu Rossini.Er bestätigte den Tastbefund Bonatos und hielt einen operativen Eingriff für angezeigt, wollte damit aber bis zum Abklingen der Lungenentzündung warten.

Bonato hatte nicht ohne Grund Auguste Nelaton (1807-1873) zur Weiterbehandlung seines berühmten Patienten herbeigerufen. Er galt damals als der einschlägige und angesehenste Chirurg für die Behandlung von Darm- und Blasenleiden. In Paris am Hôpital St. Louis tätig, hatte er ein fünfbändiges Werk »Elements de pathologie chirurgicale«, erschienen in den Jahren 1844-1859, verfaßt und zahlreiche chirurgische Instrumente entwickelt oder verbessert. In der Medizingeschichte nimmt er einen hervorragenden Platz ein, sein Name ist heute noch jedem Arzt geläufig, da die biegsamen Katheter nach ihm benannt sind.

Anfang November waren die Symptome der Lungenentzündung soweit abgeklungen, daß Nelaton den Eingriff wagte. Er dauerte unter Chloroformnarkose (sie war damals schon zwei Jahrzehnte im Gebrauch) nur fünf Minuten, brachte aber die wahreUrsache von Rossinis Schmerzen ans Licht, einen ausgedehnten Mastdarmkrebs, für den jede Hilfe zu spät kam. Bei der kleinen Operation hatte es sich nicht um eine Eröffnung der Bauchhöhle gehandelt, son-

Abb. 7 Auguste Nelaton (1807 - 1873).
Photographie

dern Nelaton versuchte, vom Darmausgang her das Innere des Mastdarms zu inspizieren und den vermuteten Abszeß auszuräumen. Nun beschränkte er sich darauf, möglichst viel des krebsigen Gewebes zu entfernen; ein vergebliches Bemühen bei der schnellen Wachstumstendenz solcher Tumoren. Wie zu erwarten war, heilte die Operationswunde, die Olympe persönlich versorgte, nicht. So entschloß sich Nelaton drei Tage später zu einem weiteren Eingriff, jedenfalls schildert das Herbert Weinstock so, wobei er nichts über dessen Art sagt. Anschließend soll es Rossini über drei Tage hinweg besser gegangen sein, was Nelaton veranlaßte, zu sagen, »Ich denke, wir werden ihn retten.« Bonato schildert den Fortgang der Ereignisse anders. Er erwähnt keinen zweiten Eingriff, sondern legt sich dahingehend fest, daß sich die Entzündung schon drei Tage nach der ersten Operation auf die Kreuzbein- und Hüftgegend ausgebreitet habe und es zu einer Gangrän (geschwüriger eitriger Gewebszerfall) mit hohem septischem Fieber gekommen sei. Diese Schilderung erscheint einleuchtender als die Darstellung Weinstocks, da kein Sinn in einem weiteren operativen Eingriff erkennbar ist.

Spätestens am 12. November fiel Rossini in tiefe Fieberdelirien und starb am 13. November 1868 um 11.05 Uhr. Als der Tod eingetreten war, sagte Dr. D'Ancona, der an Rossinis Sterbebett weilte, zu Olympe: »Madame, Rossini hat aufgehört zu leiden.« Diese Äußerung war nur allzu berechtigt, denn die letzten Tage seines Lebens hatte Rossini erhebliche Qualen zu erdulden, die durch die damaligen therapeutischen Anschauungen bedingt, von den Ärzten nicht gelindert, sondern eher verschlimmert wurden. So litt Rossini fieberbedingt unter entsetzlichem Durst, den man nicht stillte, weil man befürchtete, eine orale Flüssigkeitszufuhr würde die Heilung der Wunde am Darmausgang ungünstig beeinflussen. Einen Flüssigkeitsersatz durch die Vene, womit der

Durst auch zu stillen ist, war damals noch nicht möglich. Man gab Rossini nur ab und an ein Eisstückchen zu lutschen, um das er wie ein Kind gefleht haben soll. Zu dem Assistenten Dr. Barthe, der ihn abwechselnd mit Dr. D'Ancona und Bonato betreute, sagte er eines Morgens, als dieser sich nach seinem Befinden erkundigte: »Öffnen Sie das Fenster und werfen Sie mich in den Garten.«

Die Pflege des immer noch erheblich übergewichtigen Rossini gestaltete sich schwierig. Man mußte dazu eigens vier Krankenpfleger eines nahe gelegenen Pariser Hospitals kommen lassen; wenn sie das Bett frischmachten, trugen sie den Patienten in einem Leintuch, das sie an vier Enden faßten, in ein zweites bereitgestelltes Bett.

Obwohl er den Tod vor Augen sah, war der Freigeist Rossini nicht zu bewegen, bei seinem von Olympe herbeigerufenen Freund, dem päpstlichen Nuntius Chigi, zu beichten und die Sterbesakramente zu empfangen. Chigi mußte unverrichteter Dinge das Sterbezimmer verlassen, nachdem Rossini zu Olympe gesagt hatte: »Führe den Monsignore heraus.« Der Pariser Abbé Gallet soll dagegen mehr Erfolg gehabt haben. Rossini ließ sich überreden, bei ihm zu beichten. Abbé Gallet, offensichtlich stolz über das Erreichte, berichtete später denn auch, Rossini habe ihm gesagt, wenn er es in seinem Leben nur mit französischen Priestern zu tun gehabt hätte, wäre er praktizierender Christ geblieben.

Der berühmte Maler und Illustrator Gustave Doré (1832-1883) zeichnete Rossini auf dem Totenbett. Danach wurde der Leichnam unter Aufsicht von Dr. D'Ancona einbalsamiert. Die Beisetzung auf dem Friedhof Père Lachaise glich der eines Königs. Halb Paris war auf den Beinen. Die kirchlichen Feierlichkeiten, ursprünglich in der Madeleine geplant, mußten wegen der großen Zahl der Trauergäste in die größere Église de la Trinité verlegt werden. Daniel François Esprit Auber (1782-1871) hatte die musikalische Lei-

Abb. 8 Rossini auf dem Totenbett.
Zeichnung von Gustave Doré.

Abb. 9 Zenotaph Rossinis
auf dem Friedhof Père Lachaise in Paris. Olympe Pélissier liegt darin noch begraben. Photo Sybille Franken 1986.

tung übernommen. 1887 überführte man Rossinis Gebeine nach Florenz, wo sie in der Kathedrale Santa Croce in einem pompösen Sarkophag neben Dante, Michelangelo und Galilei ihre endgültige Ruhestatt fanden. Rossinis Grabmal auf dem Friedhof Père Lachaise ist heute noch zu sehen. Olympe, die Rossini 10 Jahre überlebte, liegt dort begraben.

Rossinis Leiden

Man kann bei Rossini zwei Beschwerdekomplexe unterscheiden, einen organisch und einen psychisch bedingten. Die Frage ist nur, inwieweit die psychogenen Alterationen in ursächlichem Zusammenhang mit den chronischen organischen Leiden standen oder ob sie eher als anlagebedingt anzusehen sind. Befriedigend wird sich das Problem wohl nie lösen lassen. Ein kausaler Zusammenhang der psychogenen Beschwerden mit der chronischen gonorrhoischen Erkrankung ist denkbar, denn daß Rossini jahrelang an einer chronischen, immer wieder aufflackernden Gonorrhöe litt, ist erwiesen, wenngleich man damals die Diagnose noch nicht durch den Nachweis des Erregers absichern konnte. Das wurde erst 11 Jahre nach Rossinis Tod durch die Entdeckung des Gonokokkus durch Albert Neisser (1855 - 1916) möglich. Mit der Symptomatologie der chronischen Gonorrhöe war man jedoch gut vertraut und konnte sie so als eigenständiges Krankheitsbild abgrenzen. Rossini hatte durch seine schon als Vierzehn- oder Fünfzehnjähriger erworbene Infektion bald unangenehme, später immer wieder rezidivierende lokale Beschwerden mit schleimig-eitrigem Ausfluß aus der Harnröhre, erschwertem Wasserlassen und zermürbende Schmerzen im Bereich des Dammes bis zum Darmausgang, als Folge eines Übergreifens der chronischen Harnröhrenentzündung auf die Vorsteherdrüse (Prostata). Noch bis in sein hohes Alter hinein, als die Gonorrhöe längst zur Ruhe gekommen war, ließ er sich, aus Angst vor einer narbigen Verengung der Harnröhre, einmal wöchentlich katheterisieren. Zusätzlich hatte sich ein unangenehmes Hämorrhoidalleiden eingestellt. Intermittierende Durchfälle, von denen nicht gewiß ist, ob sie durch ärztliche Behandlung mit induziert wurden, taten ein übriges, um ihm das Leben zu verleiden. So ist es nicht verwunderlich, daß seine depressiven Verstimmungszustände mit Schlaflosigkeit und geradezu hysterischen Angstzuständen am ausgeprägtesten waren, als sich auch die chronische Gonorrhöe am stärksten bemerkbar machte, von 1838 bis 1843. Nach der Behandlung durch Jean Civiale in Paris beruhigte sich die Gonorrhöe, aber Rossinis Depressionen und neurotischen Beschwerden traten schnell wieder auf, sobald er nach Bologna zurückgekehrt war. Man stufte ihn als echten Neurotiker ein, der nicht mehr ernstlich krank war, sondern sich seine Leiden nur einbildete. Darüber liegen verschiedene Zeugnisse aus den Jahren 1854 und 1855 vor, die in dem Gutachten von Professor Buffalini gipfelen. So erscheint die Annahme gerechtfertigt, daß Rossini anlagemäßig zu endogenen Depressionen neigte, deren Manifestation allerdings durch seine chronische Krankheit erheblich gefördert wurde. Für einen entscheidenden Einfluß exogener, krankheitsunabhängiger Faktoren spricht auch die erhebliche Besserung seines Befindens nach der Übersiedlung nach Paris. Olympe, die Rossini am besten kannte, war es, die darauf drängte, Florenz zu verlassen, wahrscheinlich, weil sie schon 1843 erfahren hatte, wie sehr er in Paris aufgelebt war. Bologna, wohin sich Rossini zurückgezogen hatte, um dort »in Frieden zu leben«, wie er sich ausdrückte, war, ebensowenig wie später Florenz, nicht das richtige Pflaster für ihn, sondern zu kleinstädtisch und ohne genügend Abwechslung. Darüberhinaus fand Rossini dort aber auch zu wenig Anerkennung, was allein schon mit den mangelnden Möglichkeiten eines ständigen Opernbetriebs von Niveau zusammenhing. Vielleicht spielte auch der Gedanke mit, daß in Bologna und Florenz jeder um seine Krankheit und deren Geschichte wußte. In Paris war das anders. Rossinis Opern standen ständig auf dem Spielplan, wo er auftauchte, wurde er gefeiert und geehrt, täglich konnte er sich davon überzeugen, daß er nicht vergessen war. Das war für ihn die beste Medizin, sonst hätte er sich nicht innerhalb weniger Monate wieder zu der geistvollen und witzigen Persönlichkeit entwickelt, die er in früheren Jahren gewesen war.

Den Beschwerlichkeiten des Alters gegenüber blieb Rossini gelassen. Als sich die Zeichen einer Herzinsuffizienz und zunehmender Bronchialkatarrhe (sogenannte Stauungskatarrhe) bemerkbar machten, hatte er die Siebzig überschritten. Eine Behandlung war nur in beschränktem Umfang möglich. Digitalis (Fingerhut) gab es zwar, aber eine gesteuerte konsequente Anwendung kannte man noch nicht. Sie wurde erst nach dem Zweiten Weltkrieg möglich. Wie zu Zeiten Webers und Chopins stillte man den Hustenreiz hauptsächlich noch mit Opiumtropfen. Die heute so beliebten Theophyllinderivate zur Bekämpfung der Atemnot oder gar Antibiotika zur Eindämmung von Infektionen waren unbekannt.

Rossinis letzte Krankheit, der ausgedehnte Mastdarmkrebs, war ein äußerst qualvolles Leiden, das er bis kurz vor seinem Tod bewußt miterlebte. Der noch vorgenommene ärztliche Eingriff trug nicht zur Besserung bei. Im Gegenteil, durch eine im Anschluß daran aufgetretene Wundinfektion wurde alles nur schlimmer. Nelaton handelte zwar in gutem Glauben, aber bei seinen beschränkten Möglichkeiten konnte ihm kein Erfolg beschieden sein.

Rossinis schöpferische Resignation

Nach der Vollendung des »Wilhelm Tell« war Rossini 37 Jahre alt. Er, der bis dahin 39 Opern geschrieben hatte, legte nun die Feder von heute auf morgen aus der Hand und war die restlichen vierzig Jahre seines Lebens nicht mehr zu bewegen, auch nur ein einziges Werk für die Bühne zu komponieren. Man suchte ihn oft genug mit hohen Summen dazu zu bringen, er lehnte beharrlich ab. Das beinhaltete aber keine totale schöpferische Resignation. Es entstanden noch zahlreiche Gelegenheitswerke, wovon er einen großen Teil als »Péchés de Vieillesse« in mehreren Alben zusammenfaßte. Es sind originelle Stücke für die verschiedensten kammermusikalischen Besetzungen. Manche davon wurden bei den Samstagssoiréen aufgeführt. Als bedeutendes großes Alterswerk schuf Rossini 1863/64 die »Petite Messe solenelle«. So konnte er auch 1865, als Max Maria von Weber - Carl Maria von Webers Sohn - ihn fragte, warum er nicht mehr für das Theater komponiere, antworten: »Fragen Sie mich nicht darüber. Ich komponiere dauernd, sehen Sie dieses Cabinet voller Musik? Alles das habe ich nach Wilhelm Tell geschrieben, aber ich publiziere nichts davon....«

Diese Antwort erklärt nicht, warum Rossini 40 Jahre lang gleichsam als sein eigenes Denkmal lebte und keine Oper mehr schrieb. Auch andere Erklärungen, die er gab, sind nicht viel überzeugender. Entsprechenden Fragen ging er möglichst aus dem Weg oder beantwortete sie unterschiedlich. Als Ferdinand Hiller, der mit ihm 1855 im Seebad Trouville fast täglich zusammentraf, dieses heikle Thema anschnitt, erhielt er nur ausweichende Antworten. Besser erging es Richard Wagner bei seinem Pariser Besuch im März 1860. Auf eine entsprechende Bemerkung entgegnete Rossini: »Ich hatte keine Kinder; hätte ich einige gehabt, zweifellos hätte ich weiter gearbeitet. Aber, um Ihnen die Wahrheit zu sagen, nachdem ich 15 Jahre gearbeitet hatte während der sogenannten faulen Periode und 40 Opern komponiert hatte, fühlte ich das Bedürfnis nach Bologna zurückzukehren und im Frieden zu leben.« Ähnlich äußerte er sich zwei Jahre später gegenüber dem Maler Guglielmo de Sanctis: »Wenn ich Kinder gehabt hätte, hätte ich weiter Opern geschrieben trotz meiner natürlichen Neigung zur Faulheit. Aber weil ich alleine bin und genug zum Leben habe, bin ich von meiner Entscheidung weder aus Profit noch aus ehrenvollen Schmeicheleien abgewichen. Impresarios, Könige und Kaiser haben es oft auf alle mögliche Weise versucht.« Anderes berichtet Giovanni Panini, zu dem Rossini 1864 sagte: »Ich verließ meine musikalische Karriere 1829. Dieses lange Schweigen hat mir die Kraft zum Komponieren genommen und die Beherrschung der Instrumente. Jetzt bin ich ein Pianist 4. Klasse.« Eine weitere Variante findet sich in einem Brief an Eduard Bouscatel, dem er 1860 schrieb, daß er der Komposition seit 1830 »entsagt« habe und ihm sein Alter und seine Gesundheit nicht mehr erlaubten, ernsthaft zu arbeiten.

Somit gab Rossini keine befriedigenden Erklärungen ab, warum die Flut seines Opernschaffens so plötzlich mit 38 Jahren versiegt war. Alle seine Antworten auf entsprechende Fragen waren letzten Endes Ausreden, die den Kern der Sache nicht trafen. Die einzig wirklich glaubhafte Erklärung läßt er offen, das Versiegen des schöpferischen Impulses, der das Genie, unabhängig von exogenen Einflüssen oder gar Krankheiten, treibt, und dessen Gesetze wir nicht kennen. Am Ende seines vierten Lebensjahrzehnts schwand nach einer letzten Anstrengung mit der Komposition des »Wilhelm Tell« Rossinis sprudelnde Schöpferkraft. Sein Genie hatte sich verbraucht und flackerte nur noch hie und da auf. Warum, - das bleibt ebenso rätselhaft wie der umgekehrte Fall, daß sich das Genie erst nach jahrzehntelangen Anläufen voll offenbart. Ein Anton Bruckner wäre heute unbekannt, wenn er, wie Rossini, vor dem fünften Lebensjahrzehnt das Komponieren aufgegeben hätte. Joseph Haydn schuf seine großen Werke erst als über Fünfzigjähriger. Beethoven dagegen hatte mit 42 Jahren bereits acht seiner neun Sinfonien komponiert. Es folgte - zahlenmäßig - nicht mehr allzuviel, unter dem, was aber folgte, waren revolutionierende Werke. Er steht somit in der Mitte. Die Beispiele ließen sich, über die Musik hinaus, in andere künstlerische Bereiche hinein fortsetzen. Sie zeigen, daß das Genie mit rationalen Argumenten nicht zu fassen ist. Letzten Endes kennt es selbst nicht die Geheimnisse seiner schöpferischen Impulse. Es ist ein »Muß«, das es antreibt, und dieses »Muß« scheint bei Rossini mit 38 Jahren weitgehend erloschen zu sein.

Literatur

Azevedo, A.J.: G. Rossini, sa vie et ses oeuvres. Paris 1864.

Azevedo, A. J.: Rossini chez lui. La musicale Paris 7, 18 (1873).

Bonato, V.: Sull' ultima Malattia di Rossini. In: Traslazione delle Ceneri di Gioacchino Rossini da Parigi a Firenze. Pesaro 1887.

Curzon, H. de: Rossini. Paris 1920, 2. Aufl. 1930.

Fraccaroli, A.: Rossini. Mailand 1941, 2. Aufl. 1944.

Franken, F. H.: Krankheit und Tod großer Komponisten. Baden-Baden, Köln, New York 1979.

Hiller, F.: Plaudereien mit Rossini. In: Aus dem Tonleben unserer Zeit, Bd. II, p. 1-84, Leipzig 1868.

Marx, J.: Rossini. Ausgewählte Briefe mit einer biographischen Skizze. Berlin-Wien-Leipzig 1947.

Montrond, Cl. F. de: Rossini. Étude biographique. Lille 1870.

Riboli, B.: Profilo medico-psicologico di G. Rossini. La Rassegna musicale Rom 24, 292 (1954).

Riboli, B.: Malattia di G. Rossini secondo una relazione medica del 1842. Note e riviste di psichiatria 7, 12 (1955).

Sittard, J.: G. A. Rossini. Leipzig 1882.

Weinstock, H.: Rossini, a biography. New York-London 1968.

Zanolini, A.: Biografia di Gioacchino Rossini. Bologna 1875.

Franz Schubert

(1797-1828)

Einleitung

Die Konzert- und Opernspielpläne würden heute anders aussehen, wenn Franz Schubert nicht schon im 32. Lebensjahr gestorben wäre. Die wenigen Jahre, die Mozart oder Weber noch zur Abrundung ihres Werks zur Verfügung hatten, waren ihm nicht mehr gegeben. Trotzdem gehört er zu unseren größten und eigenwilligsten Komponisten. Das abrupte Abbrechen seiner schon zu revolutionierender Meisterschaft gelangten Kompositionen durch seinen frühen Tod beinhaltet eine Tragik ohnegleichen. Sein mit gewaltigen Gaben ausgestatteter Genius konnte nur die ersten Kostproben der ganzen Fülle, die noch in ihm verborgen lag, offenbar werden lassen. Mozart schuf in den vier Jahren, die er länger lebte als Schubert, den »Don Giovanni« und die »Zauberflöte«, Weber den »Freischütz«. Hätte nicht Schubert, dessen letzte Gedanken vor seinem Tod um ein brauchbares Opernlibretto kreisten, auch noch seine große Oper komponiert?

Es ist ein merkwürdiges Geschick, daß sämtliche Freunde Schuberts — und als geselliger Mensch hatte er deren viele — erheblich älter wurden als er, ja einige davon erreichten ein geradezu methusalemisches Alter. So wurde der Maler Moritz von Schwind, der Bedeutendste unter ihnen, 78 Jahre alt. Franz von Schober, Dichter und Schauspieler, später Legationsrat, starb mit 86 Jahren, der Dichter Eduard von Bauernfeld sogar erst mit 88 Jahren. Der Komponist Franz Lachner erreichte 87 Jahre, der Maler Leopold Kupelwieser immerhin 66 Jahre. Nur einer der Freunde Schuberts, der Dichter Johann Mayrhofer, starb mit 49 Jahren, wurde damit aber immerhin 18 Jahre älter als er. Außer Moritz von Schwind kennt man sie alle nur noch in Verbindung mit Schuberts Namen.

Begreiflich, daß man sich Gedanken über Schuberts frühen Tod gemacht hat. Die Aussagen der genannten Freunde ermöglichen es uns, sich ein ungefähres Bild über seine tödliche Krankheit zu machen; eine exakte Diagnose ist aber nicht mehr zu stellen. Was wir wissen, ist, daß er das Opfer einer damals in Wien grassierenden Infektionskrankheit wurde. Daneben war er über mehrere Jahre hindurch aber auch chronisch krank. Seine Krankengeschichte läßt sich somit in zwei Abschnitte unterteilen: Die Jahre seines chronischen Leidens und die kurze Zeitspanne von drei Wochen seiner tödlichen Erkrankung.

Jugendjahre

Schubert wurde als 12. Kind eines Schullehrers in Liechtental, damals noch ein Vorort von Wien, am 31. Januar 1797 geboren. Laut einer Urkunde von 1818 war er klein und gedrungen und maß mit 21 Jahren 4 Schuh, 11 Zoll und 2 Strich, das sind genau 157 cm. Er aß gerne und gut und liebte den Wein. Schon früh neigte er zur Dicklichkeit. Wegen einer erheblichen Kurzsichtigkeit trug er stets eine Brille, die er, wie sich Anselm Hüttenbrenner erinnert, »selbst während des Schlafens nicht ablegte«. In seiner frühen Jugend scheint Schubert, abgesehen von einer Pockenerkrankung, nicht ernsthaft krank gewesen zu sein. Das läßt sich den Angaben seiner Bewerbung um die Aufnahme als Schüler und Sängerknabe im k. k. Konvikt in Wien entnehmen, in das er 1808 eintrat. Er blieb dort bis zum Herbst 1813, obwohl der

Abb. 1 Schubert am Klavier,
Zeichnung von Moritz von Schwind. Eines der seltenen Blätter, das Schuberts Hände beim Musizieren zeigt.

Stimmbruch ein weiteres Singen schon ab Mitte 1812 unmöglich gemacht hatte. Es hat sich ein Notenblatt erhalten, worauf unter dem Datum vom 26. Juli 1812 vermerkt ist, Schubert habe »zum letzten Mal gekräht«.

Schon während der Konviktjahre komponierte Schubert einige Streichquartette, Orchester- und Chorwerke, sowie eine ganze Reihe von Liedern und Klavierstücken. Seine schulischen Leistungen waren so schlecht, daß es deswegen zu Spannungen mit dem erzürnten Vater kam. Der Tod der Mutter 1812 führte aber wieder zur Versöhnung. 1813 heiratete der Vater aufs neue. Die Stiefmutter war nur 14 Jahre älter als der Sohn Franz, der sich aber immer gut mit ihr verstanden haben soll. So kehrte er nach dem Abgang aus dem Konvikt auch zunächst in sein Elternhaus zurück und begann mit einer Ausbildung als »Schulgehilfe«, die 10 Monate dauerte. Mit 40 Gulden Jahresgehalt, ein Hungerlohn, der nicht zum Leben reichte, war Schubert anschließend drei Jahre lang als Schulgehilfe tätig. Dann aber quittierte er diese »Fronarbeit« und faßte, erst 20jährig, den Entschluß, fortan als freier Künstler zu leben. Ohne jede materielle Voraussetzung war das ein kühnes Beginnen. Aber die Zeiten hatten sich seit Mozarts Tod geändert, und so wurde Schuberts »freies Künstlertum« zumindest von seinen Freunden geachtet. Sie halfen ihm, obwohl selbst nicht vermögend, indem sie ihn mitverköstigten oder ihm Unterkunft gewährten. Daneben verdiente Schubert aber auch etwas Geld als Musiklehrer. So unterrichtete er 1817 und 1818 die Töchter des Grafen Johann Karl Esterházy und verbrachte mit der gräflichen Familie einige Monate auf deren Landsitz in Zelesz an der ungarischen Grenze. Bis dahin hatte Schubert allein 11 seiner 14 Streichquartette geschrieben, es fehlten nur noch die drei großen, in a-moll, d-moll und G-Dur. Auch waren fünf seiner Sinfonien entstanden, zahlreiche Klavierwerke und unzählige Lieder.

Bei dem kurzen Leben, das Schubert beschieden war, wäre es falsch, von ihm als einem eingefleischten Junggesellen zu sprechen. Es war nur natürlich, daß er sich, wie mancher junge Mann, zwischen 20 und 30 Jahren nicht binden wollte, zumal er keinerlei finanzielle Voraussetzungen dazu besaß. Auch bedeutete Verheiratetsein damals etwas anderes als heute. Man hatte damit zu rechnen, daß die Ehefrau etwa jedes Jahr schwanger wurde, daß Fehlgeburten und Kinderkrankheiten stetige Familienbegleiter waren und die Geldsorgen nie ausgingen. Familienplanung lag noch in weiter Ferne, Kinder waren ein unabänderliches, gottgewolltes Schicksal. Als 28-jähriger schrieb Schubert seinem Bruder Karl: »Ein verheirateter Künstler ist verpflichtet, sowohl Kunst wie Naturstücke zu liefern, und wenn beide geraten, so ist er doppelt zu loben, denn das ist keine Kleinigkeit. Ich leiste Verzicht darauf.« Ob er diesen Satz auch wahr gemacht hätte, wenn sein mehrjähriges Liebesverhältnis zu Therese Grob (1800-1875) anders verlaufen wäre, ist eine offene Frage. Die Zuneigung war tief und echt, beide waren jedoch für eine Heirat zu jung und Schubert gänzlich mittellos. So heiratete Therese auf Wunsch ihrer Eltern 1820 einen Bäckermeister, und Schubert blieb allein. Vermutlich hat sein persönliches Leben dadurch eine entscheidende Wende erfahren und sein chronisches Leiden heraufbeschworen. Bei seinem Temperament bedurfte er eines sexuellen Ventils und nahm nun ohne Bindung die Gelegenheiten dazu wahr, die sich boten. Die Berichte darüber erschöpfen sich zwar in Umschreibungen und vagen Andeutungen, aber im Zusammenhang mit Schuberts venerischer Erkrankung, die er sich spätestens 1822 zuzog, sind sie unmißverständlich. Joseph Kenner (1794-1868), ein Mitschüler Schuberts, schreibt 1858 darüber: »Wer Schubert kannte weiß, wie er aus zwei einander fremden Naturen zusammengesetzt war, wie gewaltig ohnehin die Genußsucht seine

Abb. 2 Therese Grob, verehelichte Bergmann, unbezeichnetes Ölbildnis.

Abb. 3 Franz von Schober im Alter (1869). Photographie.

Psyche zu ihrem Schlammpfuhl niederzog....« Noch deutlicher wird Franz von Schober in seinen Erinnerungen von 1868: »Schubert verwilderte, er lief vor die Linien, trieb sich in Kneipen herum, freilich in ihnen auch seine schönsten Lieder komponierend, wie er dies auch im Spitale tat, wohin er durch ein übermäßig wollüstig-sinnliches Leben und dessen Folgen gelangte.«

Bei Schober darf allerdings nicht übersehen werden, daß der spätere gesetzte Legationsrat in seiner Jugend alles andere als tugendhaft war. Er galt als ausgesprochener Weiberheld und wird von Joseph Kenner sogar als einer der »Verführer« Schuberts bezeichnet.

Wilhelm von Chézy (1806-1865), Sohn der uns bekannten Wilhelmine von Chézy (1783-1856), meint in seinen 1863 erschienenen Erinnerungen: »Leider hatte sich Schubert mit seinen lebenslustigen Neigungen zu jenen Abwegen verirrt, die gewöhnlich keine Rückkehr mehr gestatten, wenigstens keine gesunde; ...er setzte einen gewissen... soll ich sagen Stolz in die Unfälle, welche ihm auf wilden Wegen zugestoßen waren. Jedenfalls tat er sich etwas darauf zugute.«

Ein anderer Freund Schuberts, Johann Mayrhofer, läßt zwischen den Zeilen manches offen, wenn er ihn als einen Menschen charakterisiert, bei dem sich »Zartheit und Derbheit, Genußliebe und Treuherzigkeit, Geselligkeit und Melancholie gepaart« hätten.

Man muß diese Urteile aus der strengen moralischen Sicht des letzten Jahrhunderts verstehen, die sich von der heutigen um einiges unterscheidet, aber ihre realen Hintergründe hatte. Sexuelle Freiheiten waren gleichbedeutend mit der Gefahr, sich mit einer Geschlechtskrankheit, die das ganze Leben zerstören konnte, zu infizieren. Eine zuverlässig wirksame Therapie dagegen gab es nicht. Da die Frühsymptome der beiden hauptsächlich verbreiteten Geschlechtkrankheiten, Syphilis (auch Lues genannt) und Gonorrhöe, ganz diskret sind, setzte sich die Infektionskette rasch in Bewegung, ehe die Betroffenen davon wußten. So lauerte hinter jedem kleinen Liebesabenteuer, bei dem heute kaum einer etwas findet, Krankheit mit langem Siechtum und qualvollem Tod. Kein Wunder, daß ein Erkrankter, dem man die Art seines Leidens oft durch entstellende Hautausschläge buchstäblich am Gesicht ablesen konnte, als »von Gott gebrandmarkt« galt, zumal in der christlichen Moral der außereheliche Geschlechtsverkehr ohnehin als schwere Sünde galt. Die Krankheit war somit das Strafgericht Gottes für die böse Tat. Von alledem macht sich die heutige jüngere Generation keine Vorstellungen mehr. Infektionen mit Geschlechtskrankheiten — und sie sind auch jetzt nicht so selten — sind zur Bagatelle geworden, seitdem uns die Antibiotika zu ihrer Behandlung zur Verfügung stehen. Wir werden uns mit dem schillerndem Symptomenbild der verschiedenen Stadien der Syphilis noch zu beschäftigen haben. Zuvor aber Schuberts Krankheitssymptome, wie sie uns aus den erhaltenen, wenigen Dokumenten bekannt sind.

Krankheitssymptome

Erstmals hören wir von einer ernsthafteren Erkrankung in einem Brief, den Schubert am 28. Februar 1823 an den Musikschriftsteller Ignaz Edler von Mosel (1772-1844) schrieb: »Verzeihen, daß ich schon wieder mit einem Schreiben lästig fallen muß, da meine Gesundheitsumstände mir noch immer nicht erlauben, außer Hauses zu gehen.« Danach muß Schubert schon einige Wochen krank gewesen sein. Der Schubertforscher Otto Erich Deutsch geht davon aus, daß sich die ersten Symptome bereits zu Jahresbeginn gezeigt hatten. Die nächste verbürgte Nachricht über Schu-

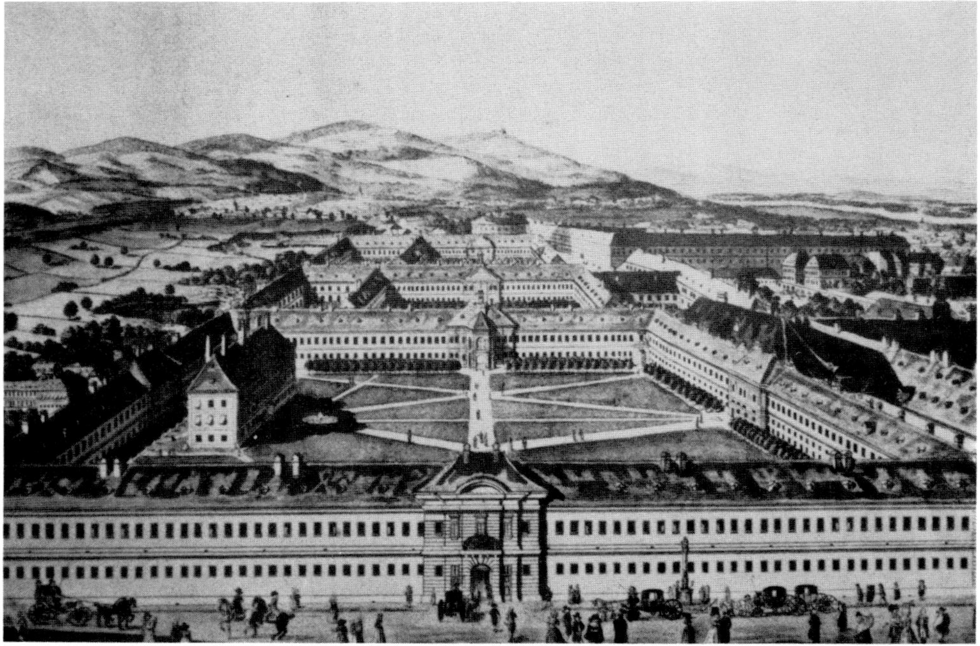

Abb. 4 Allgemeines Krankenhaus in der Alserstraße.

berts Erkrankung trägt das Datum vom 26. Juli 1823. Leopold Kupelwieser erwähnt in einem Brief an Franz von Schober: »Bei Collin [Wiener Dichter] hörte ich gestern, daß Schubert krank sei.« Drei Wochen später, am 14. August, teilt Schubert seinem Freund Schober skeptisch mit: »Befinde mich ziemlich wohl, ob ich je wieder ganz gesund werde, bezweifle ich fast.« Schubert muß sich demnach über den Ernst seiner Lage — er war bereits über ein halbes Jahr krank — bewußt gewesen sein.

In der Zwischenzeit hatte er ein einschneidendes Erlebnis hinter sich: Er hatte im Wiener Allgemeinen Krankenhaus gelegen. Wir haben darüber zwar keine eigenhändigen Aufzeichnungen von ihm, aber andere beweisende Zeugnisse, so von Kreissle von Hellborn und Franz von Schober. Kreissle, der erste Schubertbiograph, schreibt 1865, daß »mehrere Müllerlieder und das Lied ›Der Einsame‹ in siechem Zustand im Spitale« entstanden seien. Schober äußert in Übereinstimmung damit, Schubert habe »auch im Spitale seine schönsten Lieder komponiert«. Von Wilhelm von Chézy erfahren wir außerdem, daß gerade die »reizenden Müllerlieder unter ganz anderen Schmerzen gesetzt,als jene waren, die er im Mund des armen Müllknappen mit der verschmähten Liebe durch seine Noten unsterblich machte.«

Man muß sich einmal vergegenwärtigen, was es hieß, damals im Spital zu liegen. Das Wiener Allgemeine Krankenhaus war eine Schöpfung des kaiserlichen Reformers Joseph II. (1741-1790) und 1784 eröffnet worden. Mit seinen 2000 Krankenbetten war es ein Riesenprojekt, das man in nur drei Jahren errichtet hatte, und galt als das modernste Krankenhaus Europas. In der Hauptsache diente es der Armenversorgung. Die Kranken lagen in Sälen mit durchschnittlich 20 Betten, wobei man es als bedeutenden Fortschritt ansah, daß jeder sein eigenes Bett hatte. Anderenorts packte man noch bis zu vier Kranke in ein Bett. Besondere Aufmerksamkeit hatte Joseph II. der Betreuung der Geschlechtskranken gewidmet. Sie waren in zwei abgesonderten Sälen von je 90 (!) Betten untergebracht. Das Neue dabei war, daß die Geschlechtskranken anonym bleiben konnten, um Diskriminierungen zu vermeiden. Selbst im Todesfall bewahrte man die Anonymität, indem die Diagnose offiziell verschleiert werden durfte. Mittellose Geschlechtskranke wurden unentgeltlich behandelt. Im Allgemeinen Krankenhaus gab es aber auch sogenannte Ausschlagzimmer für Hautkranke. In besonders gelagerten Fällen sah man, um der Anonymität des Geschlechtskranken willen, davon ab, ihn in die beiden dafür vorgesehenen großen Säle zu stekken. Deswegen ist nicht sicher zu entscheiden, ob Schubert darin oder in einem »Ausschlagzimmer« untergebracht war. In jedem Fall dürfte er seine »Müllerinnenlieder«, mit das Bezauberndste, das wir an Liedern der Romantik besitzen, in einer Umgebung sich quälender, kranker und mit Ausschlägen behafteter Mitpatienten komponiert haben.

Es ist anzunehmen, daß Schubert wegen eines syphilitischen Hautausschlags am Körper und der Kopfhaut im Spital lag; wissen wir doch aus einem Schreiben von Moritz von Schwind an Schober vom 26. Dezember 1823, daß »wegen des Ausschlags« seine Haare geschoren worden waren, und er deswegen während einiger Monate »eine sehr gemütliche Perücke« trug. Am 2. Februar teilt Schwind Schober mit, daß Schubert seine Perücke abgelegt habe und »einen niedlichen Schneckerlanflug zeige.« Welcher Art die Behandlung im Wiener Allgemeinen Krankenhaus war, wissen wir nicht. Quecksilberschmierkuren galten seit Paracelsus (1493-1541) als das wirksamste Mittel gegen Syphilis. Die Therapie mit Quecksilber war jedoch mit starken toxischen Nebenwirkungen verbunden und besonders hinsichtlich der Spätfolgen der Erkrankung unsicher. Verschiedene Diäten und Trinkkuren gehörten ebenfalls zur Syphilisbehandlung. Ein therapeutischer Erfolg war damit naturgemäß nicht zu erzielen.

Über Schuberts Befinden für die Zeit zwischen August und November 1823 liegen keine Zeugnisse vor. Am 9. November äußert Schober Schwind gegenüber: »Wir speisten alle dort, außer Schubert, der denselben Tag im Bett lag. Schaeffer und Bernhard, die ihn besucht haben, versichern, er sei auf dem besten Wege der Genesung und rede schon von vier Wochen, wo er vielleicht ganz hergestellt sein wird.« Danach muß Schubert ein länger anhaltendes Rezidiv seiner Krankheit gehabt haben. Dr. August von Schaeffer (1790-1865) war eine gewisse Zeitlang Schuberts Arzt. Seine Doktorarbeit hatte er 1816 über das Thema »De ludus et ludorum vi diaetetico« (Über die diätetische Kraft von Zeitvertreib und Spielen) geschrieben. Er war Arzt am Wiener Pensionsinstitut für Witwen und Waisen. Seine fortschrittlichen therapeutischen Ansichten fanden auch bei der Betreuung Schuberts ihren Niederschlag.

Von Karl Freiherr von Doblhoff erfahren wir in einem Brief vom 12. November an Schober: »Von Anstätten lenkte ich über Seitenstätten nach Steyr ein, um unseren lieben Schwämmlein [Spitzname Schuberts] zu besuchen. Ich fand ihn damals bedenklich krank, doch das weißt Du ohnedies.« Das »damals« muß sich auf den Sommer oder Spätsommer beziehen, denn Schubert hatte einige Wochen in Steyr verbracht, zusammen mit dem Sänger Johann Michael Vogl (1768-1840), wohl im Anschluß an den Aufenthalt im Spital.

Gegen Ende November 1823 scheint sich Schubert wieder wohlgefühlt zu haben, optimistisch schreibt er an Schober: »Übrigens erhoffe ich meine Gesundheit wieder zu erringen.« Wenige Tage später, am 9. Dezember teilt Johanna Lutz ihrem Verlobten Leopold Kupelwieser mit: »Der Schubert ist schon recht gesund und zeigt auch schon wieder Lust, die strenge Ordnung nicht lange mehr einzuhalten.«

Bis Anfang März 1824 hält der Optimismus an. Noch am 6. März bemerkt Schwind in einem Brief an Schober, daß »Schubert schon recht wohl« sei. »Er sagt, in einigen Tagen der neuen Behandlung hatte er gespürt, wie sich die Krankheit gebrochen habe und alles anders sei. Er lebt immer noch einen Tag von Banaderln [Brotsuppen], den anderen von einem Schnitzel und trinkt schwelgerisch Thee.«

Aber der Optimismus war bald dahin, denn die heimtükkische Krankheit zeigte sich von neuem. Diesmal traten, wie Schober und Schwind berichten, »Knochenschmerzen« auf. Sie waren im linken Arm so stark, daß Schubert nicht Klavier spielen konnte. Er litt jetzt auch unter schweren Depressionen, wie seinem bekannten Brief vom 31. März 1824 an Kupelwieser zu entnehmen ist. Darin heißt es: »Mit einem Wort, ich fühle mich als den unglücklichsten, elendsten Menschen auf der Welt. Denk Dir einen Menschen, dessen Gesundheit nie mehr richtig werden will, u. der aus Verzweiflung darüber die Sache immer schlechter statt besser macht, denke Dir einen Menschen, sage ich, dessen glänzendste Hoffnungen zu Nichte geworden sind, dem das Glück der Liebe und Freundschaft nichts biethen als höchstens Schmerz, dem Begeisterung (wenigstens anregende) für das Schöne zu schwinden droht, und frage Dich, ob das nicht ein elender, unglücklicher Mensch ist? — ›Meine Ruh ist hin, mein Herz ist schwer, ich finde sie nie und nimmermehr‹, so kann ich wohl jetzt alle Tage singen, denn jede Nacht, wenn ich schlafen geh, hoff ich nicht mehr zu erwachen, u. jeder Morgen kündet mir nur den gestrigen Gram....«

Der Rückschlag war jedoch nicht von langer Dauer, und es paßt zu Schuberts Charakter, daß er seine Depressionen schnell beiseite schob. So teilte er Schober im August 1824 mit, er sei »immer noch gesund, Gottlob.« Anfang November war er, nach den Worten Schwinds, »gesund und

Abb. 5 Franz Schubert 1826.
Lithographie von Josef Teltscher

himmlisch leichtsinnig, neu verjüngt durch Wonne und Schmerzen und heiteres Leben.« Diesmal hielt die Besserung an, denn mehr als acht Monate später schreibt Schubert seinen Eltern: »Sehr freut mich das allseitige Wohlbefinden, zu dem ich — Der Allmächtige sei gepriesen — auch das Meinige hinzufügen kann.« Das Jahr 1825 soll überhaupt zu den glücklichsten im Leben Schuberts gezählt haben. Unbeschwert verbrachte er wieder mit Vogl zusammen einige Monate in Steyr und Linz, wo er die verschollene »Gasteiner Sinfonie« komponiert haben soll. Man hofft sie immer noch zu finden, denn eine Partitur davon existierte, das ist sicher.

In den beiden folgenden Jahren muß Schuberts Befinden schwankend gewesen sein. Die Quellen darüber sind zwar spärlich, es lassen sich aber eindeutige Schlüsse daraus ziehen, daß die Krankheit immer wieder Beschwerden verursachte. So gibt es eine Notiz von Eduard von Bauernfeld vom 2. Januar 1826, daß Schubert zu Sylvester krank gewesen sei, und dazu die Eintragung in seinem Tagebuch, »Schubert halbkrank, er bedarf junger Pfauen wie Benvenuto Cellini«, eine nicht zu übersehende Anspielung auf den syphilitischen Charakter von Schuberts Leiden. Sie ging auf den Bildhauer Benvenuto Cellini (1500-1571) zurück, der, an Syphilis erkrankt, als Lieblingsgericht junge Pfauen aß.

Von Schubert selbst haben sich zwei Bemerkungen erhalten, mit denen er seine Beschwerden umriß. Die eine schrieb er 1827 auf das Manuskript eines Kindermarsches, den er für den kleinen Faust Pachler, Sohn eines befreundeten Ehepaares, komponiert hatte: »Ich hoffe, daß sich Euer Gnaden besser befinden als ich, da mir meine gewöhnlichen Kopfschmerzen schon wieder zusetzen.« Die andere ist eine Entschuldigung vom Oktober 1827, daß er einer Einladung nicht Folge leisten könne. Anna Höring, der damaligen Verlobten von Moritz von Schwind, teilte er mit: »Ich bin krank, und zwar von der Art, daß ich für jede Gesellschaft untauglich bin.«

Die chronische Krankheit

Verließe man sich nur auf die genannten spärlichen Quellen bei der Diagnose einer syphilitischen Erkrankung Schuberts, würde man dem Vorwurf der Spekulation nicht entgehen. Wir besitzen darüber hinaus aber noch andere verbürgte Zeugnisse, die die Diagnose zweifelsfrei zulassen. Sie wurden primär allerdings nicht schriftlich fixiert, sondern mündlich, gleichsam unter vorgehaltener Hand, weitergegeben. Otto Erich Deutsch (1883-1969), dem wir das Verzeichnis von Schuberts Gesamtwerk verdanken, nahm die Gelegenheit wahr, mit den direkten Nachkommen der Freunde Schuberts über dessen mutmaßliche Krankheit zu sprechen. Sie teilten ihm übereinstimmend mit, sie seien von ihren Vätern vertraulich darüber aufgeklärt worden, daß Schubert an einer Syphilis gelitten habe. Deutsch hält deswegen die Diagnose für gesichert. Ein Dokument, das uns noch weiteren Aufschluß hätte bringen können, war das Tagebuch von Anselm Hüttenbrenner. Er hat es jedoch 1841 verbrannt.

Hält man sich die bunten Krankheitsbilder der Syphilis einmal vor Augen, lassen sich die bei Schubert vorhandenen Symptome zwanglos darunter einordnen. Es ist heutzutage schon beinahe ein geschichtliches Unterfangen, die verschiedenen Erscheinungsformen der Syphilis zu skizzieren, da sie kaum mehr wie früher zu sehen sind. Durch die modernen Behandlungsmethoden dieser Geißel der Menschheit haben wir kaum noch eine Vorstellung davon, was es früher hieß, von der Syphilis gebrandmarkt zu sein.

Die Syphilis gilt in der Medizin als die große Nachahmerin aller nur erdenklichen anderen Krankheiten. Sie beginnt fast unmerklich mit dem sogenannten Primäreffekt, einer nur mückenstichartigen Hautveränderung, die sich entweder zurückbildet oder geschwürig vergrößert. Geschlechtsteile und Lippen sind die beliebtesten Angriffspunkte dieses ersten Eindringens der Syphiliserreger. Bald schwellen die Lymphdrüsen in der Umgebung an, und wenige Wochen später treten die ersen Allgemeinerscheinungen mit peinigendem Kopfweh, mit Fieber, Schlaflosigkeit, und in die Knochen lokalisierten Schmerzen auf. Im nun folgenden zweiten Stadium, das sich über Jahre hinziehen kann, generalisieren sich die Hautveränderungen, es kommt zu juckenden Ausschlägen, von denen die verschiedensten Körperpartien, einschließlich der Schleimhäute, befallen werden. Besonders gerne lokalisieren sich die Ausschläge auf der Kopfhaut, so daß das Haar wie von Motten zerfressen aussieht. Nach Wochen oder gar Monaten verschwinden sie, um nach einer kurzen Zeitspanne scheinbarer Genesung in anderer Form und an anderer Stelle wiederzukehren. Nun treten auch Geschwüre auf, die sich immer tiefer und weiter in die Haut fressen, was zu furchtbaren Entstellungen führt. In anderen Fällen verschwinden die Hautausschläge ganz, und der Kranke glaubt, er habe das Leiden überwunden. Aber das ist das Teuflische der Syphilis, daß sie nach Jahren scheinbarer Gesundheit in anderer Gestalt wiederkehrt und ihre ganze Bösartigkeit offenbart.

In diesem dritten Stadium bilden sich sogenannte Gummen, gummiartige Knoten, in der Haut, in den Knochen, den verschiedenen Organen und im Gehirn. Die Herzklappen werden angefressen, die Hauptschlagader, deren Wände unterminiert werden, erweitert sich (Aortenaneurysma) und kann platzen, (Rossinis Mutter soll auf diese Weise gestorben sein). Aber damit nicht genug; entzündliche Herde im Gehirn und den Hirnhäuten führen zu Lähmungen, Krämpfen, Sehstörungen und anderen zentralen Ausfallserscheinungen. Im Gegensatz zum ersten und zweiten Stadium der Krankheit ist der Syphilitiker jetzt kaum noch infektiös. Das erklärt, warum Menschen, die enge Kontakte zu ihm haben, wie z.B. Ehepartner oder Kinder, von der Krankheit verschont bleiben. Sind wiederum Jahre vergangen (in der Regel 10-20), tritt im letzten Stadium die Tabes (Rückenmarksschwindsucht) und die Paralyse (Gehirnerweichung) auf, mit schweren Störungen des Zentralnervensystems, und am Ende mit Wahnsinn und geistigem Verfall. Der Kranke endet in der Heilanstalt. Wir werden darüber noch im Kapitel Donizetti hören.

Schon im 17. Jahrhundert vermutete der englische Arzt David Abercromby (1621-1695), daß die Syphilis durch einen Parasiten übertragen werde, aber beweisen konnte er das noch nicht. Erst den beiden deutschen Ärzten Fritz Richard Schaudinn (1845-1906) und Erich Hoffmann (1868-1959), gelang es im Jahr 1905, die Spirochäta pallida (heute Trepanoma pallidum genannt), als Erreger zu entdecken. Damit war der Weg für eine wirksame Behandlung frei. Paul Ehrlich (1854-1915) entwickelte 1910 das Salvarsan, und seit den vierziger Jahren besitzen wir das Penicillin.

Halten wir uns nochmals kurz Schuberts Krankheitssymptome vor Augen, so paßt das wenige, das wir darüber wissen, genau zum zweiten Stadium der Syphilis: Der Ausschlag, weswegen die Haupthaare geschoren wurden, die Andeutungen, daß eventuell auch an anderen Stellen die Haut befallen war, die Mitteilungen über Kopf- und Knochenschmerzen und die Nervenschmerzen im rechten Arm.Nicht zu vergessen ist auch Schuberts Angst, er werde wohl nie mehr ganz gesund werden. Die Infektion muß nach 1820, vermutlich sogar erst 1822 erfolgt sein, da die Ausbildung des zweiten Krankheitsstadiums nur wenige Monate benötigt. Es ist deswegen auch wenig wahrscheinlich, daß Schubert sich, wie immer wieder behauptet wurde, eventuell 1818 bei seinem Aufenthalt in Zelesz bei der Kammerzofe der Comtesse Caroline von Esterházy, einer Pepi Pockelhöfer, angesteckt hat. Mit ihr soll er ein Verhältnis gehabt haben, da seine eigentliche Geliebte, die Gräfin, für ihn als armen Musikus schon rein standesmäßig unerreichbar war.

Die akute Krankheit

Im Laufe des Sommers 1828 flackerte das syphilitische Leiden erneut auf. Nach den Erinnerungen Ferdinands kränkelte und »medizinierte« sein Bruder. Diesmal standen Erscheinungen seitens des Zentralnervensystems mit Kopfschmerzen und Schwindel im Vordergrund. Schober, bei dem Schubert seit 1827 Unterkunft gefunden hatte, zog Dr.Rinna von Sarenbach (1793-1837), einen mit ihm befreundeten Arzt, hinzu. Dieser riet zu viel Bewegung in frischer Luft. Er muß demnach in seinen therapeutischen Ansichten mit seinem Kollegen August von Schaeffer in Übereinstimmung gestanden haben. So kam das Angebot Ferdinands sehr gelegen, sein Bruder solle zu ihm in die Wiener Vorstadt Wieden ziehen. Rinna war seit 1824 Hofarzt und hatte die ärztliche Betreuung der k. k. Burgwache inne. Zum »Hofreisearzt« designiert, begleitete er später, 1830, den Kaiser zu den Krönungsfeierlichkeiten nach Preßburg. 1833 trat er mit einem umfangreichen Werk »Repertorium der vorzüglichsten Curarten, Heilmittel, Operationsmethoden« hervor. Er starb 1837, erst 44 Jahre alt.

Anfang Oktober muß es Schubert wieder besser gegangen sein, denn er konnte mit Ferdinand und zwei Freunden eine dreitägige Wanderung ins Burgenland unternehmen, wobei er in Eisenstadt das Grab Haydns besuchte. Sofern die Wandergesellschaft immer zu Fuß unterwegs war, hat sie in den drei Tagen mindestens 70 Kilometer zurückgelegt, da

Abb. 6 Bruder Ferdinand Schubert.
Lithographie von Kriehuber.

die Entfernung von Wien nach Eisenstadt 35 Kilometer beträgt.

Die drei dramatischen Wochen bis zu Schuberts Tod begannen wahrscheinlich am 31. Oktober. An diesem Tag, so berichtet Ferdinand, aß sein Bruder in dem oft von ihm besuchten Gasthaus »Zum roten Kreuz« zu Abend. Nachdem er das erste Stückchen eines Fischgerichts genossen hatte, warf er Messer und Gabel auf den Tisch und sagte, »es ekle ihn gewaltig vor diesem Fisch, es sei ihm als habe er Gift genommen.« Von diesem Augenblick an soll er außer Arzneien fast nichts mehr zu sich genommen haben. Bestätigt wird das durch den bekannten Brief, den Schubert am 12. November an Schober schrieb und in dem es heißt: »Lieber Schob. Ich bin krank. Ich habe schon elf Tage nichts gegessen und nichts getrunken und wandle matt und schwankend vom Sessel zum Bett und zurück. Rinna behandelt mich. Wenn ich auch was genieße, so muß ich es gleich wieder von mir geben....«

Obwohl Schubert seit dem 31. Oktober praktisch kaum noch Nahrung zu sich genommen hatte, war er zunächst nicht bettlägerig. In den ersten Novembertagen ging er mehrfach spazieren und besuchte sogar am 3. November die Aufführung eines von seinem Bruder Ferdinand komponierten Requiems in der Hernalser Pfarrkirche. Am 4. November meldete er sich zusammen mit dem Pianisten Joseph Lanz zu Kontrapunkt- und Fugenstudien bei Simon Sechter (1788-1867) an, da er »hierin Nachhilfe bedürfe« (!). Wie Sechter 1857 an Luib schrieb, fand auch noch eine Lektion statt; zur nächsten erschien jedoch Herr Lanz alleine, »um mir zu melden, das F. Schubert schwer erkrankt sei, und er den Unterricht allein nehmen wolle....«

Wenig später war Schubert derart geschwächt, daß er sein Zimmer kaum noch verlassen konnte. Nach Ferdinands Aussage legte er sich am 14. November »ganz aufs Krankenlager«, habe sich aber immer noch einige Stunden am Tag

Abb. 7 Simon Sechter.
Lithographie von Josef Kriehuber 1840.

aufgemacht, um die zweite Abteilung der »Winterreise« zu korrigieren. Nach Meinung Franz Lachners war Schubert bereits am 10. November ganz bettlägerig; Bauernfeld glaubt, es sei der 11. November gewesen. Schon alleine deswegen, weil der Begriff »bettlägerig« subjektiv interpretiert wird, ist es müßig, darüber zu streiten, wer von den dreien der Wirklichkeit am nächsten kommt.

Zweifelhaft sind die Angaben, die Karl von Schönstein (1797-1876) 1857 über Schuberts letzte Tage macht, da sie chronologisch nicht mit den übrigen Berichten übereinstimmen. Er behauptet, Schubert habe noch 10 Tage vor seinem Tod, also am 9. November, »bei ihm nebst anderen Freunden soupiert.« Er sei dabei sehr heiter, ja ausgelassen gewesen, was Schönstein »auf eine größere Menge genossenen Weins« zurückführt. Bemerkenswert bei Schönsteins Erinnerungen ist, daß er dabei ausdrücklich das Fischgericht vom 31. Oktober anführt: »Den erwähnten Fisch, welcher ihm Ekel und das Gefühl, als hätte er Gift genommen, verursacht habe, hatte er, wie ich glaube, bei seinem Bruder mehrere Abende vorher genossen, das Gift scheint aber nicht nachhaltig gewirkt zu haben, denn er war an jenem Abend vollkommen wohl und wie gesagt ungemein lustig.«

Erst durch Schuberts alarmierenden Brief vom 12. November an Schober wurde seinen Freunden bewußt, daß er nicht an den gewohnten Beschwerden litt, sondern akut krank war. Hinter den von Schubert geschilderten Symptomen vermuteten sie eine ansteckende Krankheit, weswegen sich Schober aus Angst vor Ansteckung nicht zu einem Krankenbesuch entschließen konnte. Dagegen suchten Bauernfeld und von Spaun Schubert sofort auf. Sie haben ihre bei den Besuchen gewonnenen Eindrücke später schriftlich niedergelegt. Bauernfeld schreibt 1829: »Am 17. November fand ihn der Verfasser dieses zwar schwach, aber ruhig und nicht ohne Hoffnung der Wiedergenesung. Auch äußerte er noch den lebhaften Wunsch ein neues Opernbuch zu erhalten. Jedoch wurde noch am Abend dieses Tages das Delirieren, das ihn bisher nur zeitweise und schwach befallen hatte, heftiger und verließ ihn beinahe nicht mehr; die Krankheit war in ein bösartiges Nervenfieber übergegangen....« Josef von Spaun erinnert sich 1858: »Ich fand ihn krank im Bett, allein sein Zustand erschien mir ganz unbedenklich. Er korrigierte meine Abschrift im Bette, freute sich mich zu sehen und sagte: Mir fehlt eigentlich nichts, nur fühle ich mich so matt, daß ich glaube, ich solle durch das Bett fallen.«

Zu Franz Lachner, der aus Budapest angereist war, soll Schubert geäußert haben: »Ich liege so schwer da, ich meine ich falle durch das Bett.« Lachner hat das allerdings erst 1881 niedergeschrieben. Offenbar hat er Schubert noch ein weiteres Mal besucht, wofür eine andere Äußerung von ihm spricht, die besagt, daß Schubert, als er zu ihm ins Zimmer trat, das Gesicht zur Wand gekehrt, im tiefsten Fieberdelirium gelegen habe. Die deliranten Zustände hatten wahrscheinlich am Abend des 17. November bedrohliche Ausmaße erreicht. Bauernfeld schreibt darüber 1864 in »Die Presse«: »Doch war er noch des Nachmittags vollkommen bei sich ohne Anzeichen des Delirierens, obwohl mich die gedrückte Stimmung des Freundes mit schlimmen Ahnungen erfüllte. Sein Bruder kam mit den Ärzten, schon des Abends phantasierte der Kranke heftig, kam nicht mehr zum Bewußtsein, der heftigste Typhus war ausgebrochen.«

Am 18. November war Schubert dauerhaft desorientiert und dabei derart unruhig, daß er sich nur mit Mühe im Bett halten ließ. Am Abend rief er seinen Bruder Ferdinand ans Bett und flüsterte in seiner Verwirrung geheimnisvoll: »Ferdinand, Du, was geschieht denn mit mir?«

Indessen war Dr. Rinna von Sarenbach selbst erkrankt und hatte deswegen die Behandlung abgeben müssen.

Dr. Josef Ritter von Vering (1793-1862) sprang für ihn ein. Wann dies genau war, ist nicht bekannt. Jedenfalls sah er Schuberts Zustand sofort als lebensbedrohlich an und zog seinen Freund, Dr. Johann Baptist Wisgrill (geb. 1795), Professor an der Wiener Universität, als Konsiliarius hinzu. Das läßt sich auch einem Artikel Gerhard von Breunings in der »Neuen Presse« von 1884 entnehmen (wir kennen von Breuning bereits vom Kapitel Beethoven her), wonach von Vering schon am Tag der Behandlungsübernahme keine Hoffnung mehr gehabt habe, Schubert retten zu können, da bei ihm eine »fortschreitende Blutentmischung« vorhanden gewesen sei. Wisgrill kannte Schubert von der Jugendzeit her, als er mit ihm zusammen Sängerknabe im k. k. Konvikt in Wien gewesen war. Nach dem Konsil soll die Behandlung noch geändert worden sein, in welcher Weise, ist nicht mehr festzustellen. Der erhaltenen Abrechnung über die bei Schuberts Erkrankung entstandenen Behandlungskosten nach, können es aber keine Umstellungen von Belang gewesen sein wie im Jahr zuvor bei Beethoven, den man noch in das ihn schwächende, von Malfatti konsiliarisch angeordnete Dunstbad gesetzt hatte. Wegen der zunehmenden Unruhezustände wurde zusätzlich zu der schon vorhandenen Krankenwärterin ein Krankenwärter engagiert. Aus der Abrechnung geht hervor, daß die Behandlungsmaßnahmen recht zurückhaltend und somit unschädlich waren.

So wurde nur ein Aderlaß durchgeführt, dazu legte man mit Senfmehl bestrichene Vesikaturpflaster auf. Ob die Haarlinsen (Leinsamen) innerlich oder äußerlich angewendet wurden, ist nicht zu entscheiden. Bei den Limonien handelt es sich um zitronenähnliche Früchte, die aus Italien oder Frankreich importiert allgemein bei Fieber Verwendung fanden und als Schutz vor ansteckenden Seuchen galten. »Gattie« bedeutet Unterhose. Der Kirchendiener wurde zur letzten Ölung benötigt. Interessant sind die Arztko-

Ausgaben	W.	W.
	fl.	kr.
12. 9b. 828 Arzenei	1	5
2 Limonien	—	14
1 Lot Holländer-Tee	—	24
13. Arzenei	1	15
1 Limonie	—	7
Die Aderlaß	2	—
14. Limonie u. Haarlinsen	—	19
15. Arzenei	2	5
Salbe u. Visikatur-Pflaster	—	24
16. dem Rasierer	—	30
Arzenei	1	33
1/2 Pfd. Zucker	—	36
Arzenei	—	58
Senfmehl	—	12
17. Arzenei	—	57
1 Limonie	—	7
den 16. für den Wagen des H. v. Gagstatter	2	—
18. Wein 15 kr., Tee 9 kr., Limonie 7 kr.	—	31
Salbe u. Fleisch	1	8
Durch 3 Tage jedes Ml. 1 S. Wein	—	36
Pulver	—	18
19. Arznei	—	40
Am 18. dem Kirchendiener	1	
19. Eine Gattie	2	—
20. H. Doktor Wisgrill fürs Konzilium	5	—
Dem Totenbeschauer	1	40
21. Dem Krankenwärter	8	20
Der Krankenwärterin	10	30
Quartiergeld pro November	12	30
Heizung	5	—
Wäsche	5	—
Dem Krankenwärter durch 3 Tage Kost u. Wein	2	30
Der Wärterin durch 6 Tage die Kost u. Wein	3	—

Abrechnung über die Behandlungskosten Schuberts. Der Teil der Abrechnung über die Bestattungskosten etc. ist weggelassen.

sten. Dr. Wisgrill erhielt für sein Konsil fünf Florin (Florin = Österreichischer Gulden = 60 Kronen). Der Krankenwärter bekam für drei Tage Dienst acht Florin und 20 Kronen; zusätzlich für Kost und Wein zwei Florin. Die Krankenwärterin, die sechs Tage ihren Dienst versah, mußte sich mit einem geringeren Lohn von 10 Florin und 30 Kronen, sowie drei Florin für Kost und Wein begnügen. Schwierigkeiten bereitet es, den Wert des Florin auf die heutige Währung umzurechnen. Man kann etwa davon ausgehen, daß man für Essen und Trinken pro Tag einen Florin verbrauchte. Dem widersprechen nicht die geringeren Kostgelder von Krankenwärter und Krankenwärterin, da beide wahrscheinlich teilweise im Hause mitverpflegt wurden.

Die ärztliche Behandlung konnte naturgemäß den schicksalhaften Krankheitsverlauf nicht aufhalten. So endete die Krankheit, wie von Vering vorausgesagt hatte, auch tödlich. Am 19. November war Schubert gänzlich verwirrt und hatte hohes Fieber. Nach den Erinnerungen Ferdinands wollte er dauernd aus dem Bett heraus, da er meinte, in einem fremden Zimmer zu sein. Als der Arzt erschien, sah er ihm, so Ferdinand, »starr ins Auge, griff mit matter Hand an die Wand und sagte langsam und mit Ernst: Hier ist mein Ende.« Um drei Uhr nachmittags trat derTod ein. Als amtliche Todesursache wurde »Nervenfieber« angegeben. Schubert war genau 31 Jahre, neun Monate und 19 Tage alt geworden.

Die Einsegnung des Leichnams erfolgte am 21. November zunächst in der Pfarrkirche »Zum Heiligen Josef« in Margarethen, zu deren Distrikt Schubert gehörte. Ferdinand meinte aber aus der »bei halber Besinnung« kurz vor dem Tod gemachten Bemerkung seines Bruders »hier liegt Beethoven nicht, nein es ist nicht wahr«, herausgehört zu haben, daß er in dessen Nähe beerdigt sein wolle. Er bat deswegen um die Bestattung auf dem Währinger Friedhof, und so wurde Schubert dort, nach erneuter Einsegnung, drei Gräber neben Beethoven beigesetzt. Die »Leichenübertragung« kostete Ferdinand 70 Florin. Die Gesamtkosten für Krankheit und Beerdigung beliefen sich auf 269 Florin und 19 Kronen. Demgegenüber wurde der Wert der gesamten Hinterlassenschaft Schuberts auf 63 Florin geschätzt. Sie bestand in der Hauptsache aus Wäschestücken, darunter 13 Paar Fußsocken und vier Hemden, einer Matratze und einer Decke. »Einige alte Musikalien« schätzte man auf 10 Florin. Ansonsten war vom »Erblasser« nichts vorhanden.

Die Diagnose

Eine genaue Diagnose der tödlichen Krankheit Schuberts ist heute nicht mehr möglich. Zunächst gilt es, die Frage zu klären, was die Ärzte im vergangenen Jahrhundert mit dem als Todesursache angegebenen »Nervenfieber« meinten. In den fast vier Jahrzehnten seit Mozarts Tod hatte sich die Medizin gewandelt. Aus den Lehren Maximilian Stolls hatte sich, über den »Brownianismus«, die naturphilosophische und romantische Medizin entwickelt. Hinzu kamen aber auch andere Lehrmeinungen, wie die Homöopathie Samuel Hahnemanns (1755-1843), die zunehmend Bedeutung erlangte. Neben dem Magnetismus Messmers, dem z.B. Malfatti huldigte, hatte die Hydrotherapie, die verschiedenartige Anwendung des Wassers, ihren festen Platz in der Therapie. Seit 1804 wurde sie offiziell im Wiener Allgemeinen Krankenhaus ausprobiert. Später setzte man sie zur Behandlung Typhuskranker ein. Aber was bezeichnete man mit Typhus? Anders als in der Todesbescheinigung, in der von »Nervenfieber« die Rede ist, sprachen später Josef von Spaun und Bauernfeld bei Schuberts Krankheit von »Typhus«. Liegt hier ein Widerspruch vor? Keineswegs, nur hatte sich die medizinische Nomenklatur wiederum geändert. Von Spaun und Bauernfeld verstanden unter »Typhus« das gleiche wie seinerzeit die Ärzte Schuberts unter »Nervenfieber«. Es gehörte zu den »typhösen Fiebern«, worunter man ganz allgemein hochfieberhafte, mit Verwirrtheitszuständen verbundene Krankheiten zusammenfaßte. Davon hatte schon im 17. Jahrhundert der englische Arzt Thomas Willis (1621-1675) solche Symptomenbilder abgegrenzt, die gleichzeitig mit Bauchbeschwerden und blutigen Diarrhöen einhergingen. Der Name »Typhus« kommt aus dem Griechischen und heißt eigentlich »Nebel«, womit man die Umnebelung der Sinne ausdrücken wollte. Pierre Charles

Abb. 8 Eduard v. Bauernfeld.
Lithographie von Kriehuber, 1843.

Abb. 9 Josef Freiherr von Spaun.
Zeichnung von Leopold Kupelwieser.

Alexandre Louis (1787-1872) hob später wieder die Verwirrtheitszustände als Charakteristikum des Typhus hervor. Er beschrieb auch 1829 die für den Bauchtyphus bezeichnenden Roseolen (kleine rote Hautflecken). Ebenso wie die Diarrhöen treten sie erst im fortgeschrittenen Stadium der Erkrankung auf. Eine gewisse Abgrenzung des Bauchtyphus von den bunten Bildern anderer akuter Infektionskrankheiten war erfahrenen Ärzten somit möglich. Die Diagnose »Typhus abdominalis« wie wir sie heute, abgesichert durch den Nachweis der Erreger im Blut und Stuhl des Kranken, kennen, gibt es erst seit Ende des letzten Jahrhunderts, nachdem 1880 Carl Joseph Ebert (1835-1926) die Salmonella typhi (geißeltragendes Stäbchenbakterium) entdeckt hatte. Bald stellte sich aber heraus, daß es noch eine ganze Reihe weiterer Salmonellenarten gibt, die teilweise nur harmlose Magen-Darmverstimmungen verursachen. Außerdem fand man Salmonellenstämme, die sich zwar von den eigentlichen Stäbchen der Verursacher des Bauchtyphus unterscheiden, aber ähnliche, jedoch oft weniger bedrohliche Krankheitsbilder auslösen, die man als »Paratyphus « bezeichnet.

Typhus und Paratyphus beginnen mit Allgemeinsymptomen wie Appetitlosigkeit, Übelkeit, allgemeiner Abgeschlagenheit, schwerem Krankheitsgefühl und langsam ansteigendem Fieber (sogenannte Kletterkurve). Nach mehreren Tagen erreicht das Fieber extrem hohe Werte, gleichzeitig setzen die Verwirrtheitszustände (Delirien) ein. Um diese Zeit fehlen im allgemeinen noch Symptome seitens des Bauches. Ist der Krankheitsverlauf schwer und die Abwehrlage des Betroffenen geschwächt, kann schon jetzt der Tod eintreten. In den anderen Fällen setzen die typischen Durchfälle und andere Bauchsymptome ein, die sich wochenlang hinziehen können, ehe der Kranke entweder stirbt oder endlich seine Genesung eintritt. Nach Einführung der Antibiotika ist der Verlauf des Typhus abdominalis in unseren Breiten anders geworden. Die früher so eindrucksvollen und gefährlichen Krankheitsbilder sehen wir nicht mehr, da praktisch alle an Fieber erkrankten Patienten frühzeitg Antibiotika erhalten und somit die Krankheit nicht mehr voll zum Ausbruch kommt.

Die Krankheitssymptome Schuberts fügen sich gut in das Bild eines Typhus abdominalis ein. Geradezu klassisch ist sein Ausspruch »Mir fehlt eigentlich gar nichts, nur fühle ich mich so matt, daß ich glaube, ich solle durch das Bett fallen«, kurz bevor er in Fieberdelirien fiel. Bei dem raschen, tödlichen Verlauf seiner Erkrankung kann eine immunologische Abwehrschwäche durch die chronische luetische Erkrankung durchaus eine Rolle gespielt haben. Der Typhus in seinen verschiedenen Spielarten war im letzten Jahrhundert in Europa überall verbreitet und gefürchtet. In Wien grassierten immer wieder schwere Typhusepidemien, die man auf Grund der Symptomatik als solche zu erkennen vermochte. Unter Berücksichtigung der uns bei Schubert überlieferten Krankheitssymptome ist es somit wahrscheinlich, daß er einem echten Typhus abdominalis oder einem Paratyphus erlegen ist. Interessant ist dabei, daß trotz der hohen Ansteckungsgefahr der Krankheit, (weswegen einige der Freunde Schuberts Krankenlager fernblieben), soweit wir wissen, niemand, der mit ihm kurz zuvor zusammen war oder ihn besucht hatte, davon befallen wurde.

Die drei Ärzte Schuberts waren qualifizierte Persönlichkeiten. Von Rinna von Sarenbach hörten wir schon, daß er ein Werk über die verschiedenen medizinischen Behandlungsmethoden verfaßt hat. Von Vering, dessen Vater Beethoven behandelt hatte, war ebenfalls durch verschiedene wissenschaftliche Publikationen hervorgetreten. Er galt als Autorität in der Behandlung der Syphilis, worüber er einige wichtige Arbeiten geschrieben hat. Die Möglichkeit, daß

Abb. 10 Dr. Joseph Ritter von Vering (1793-1862).
Ölbild.

Abb. 11 Dr. Johann Baptist Wisgrill (1795-18?).
Lithographie.

der erkrankte Rinna ihn gerade deswegen zur Weiterbehandlung Schuberts heranzog, ist nicht von der Hand zu weisen. Johann Baptist Wisgrill gab fünf Jahre nach Schuberts Tod ein zweibändiges »Handbuch der Verschreibungslehre für Chirurgen« heraus.

Aus der Äußerung von Verings, er habe »wegen vorgeschrittener Blutentmischung keine Hoffnung, Schubert retten zu können«, läßt sich entnehmen, daß er von den Lehren Philipp Carl Hartmanns (1773-1830), der die Lehrkanzel für »Allgemeine Pathologie, Therapie und Materia Medica« in Wien innehatte, beeinflußt war. Er galt als Vertreter der naturphilosophischen Medizin. Als Ursache der von ihm als »dynamische Krankheiten« bezeichneten Fieberzustände sah er eine gestörte Blutbereitung an. Zu seinen Vorstellungen gehörte es auch, durch abwartendes Verhalten am Krankenbett der Natur die Heilung möglichst selbst zu überlassen. Das beinhaltete einen therapeutischen Skeptizismus gegenüber den herkömmlichen Behandlungsmaßnahmen, der nur allzu berechtigt war. Rinna von Sarenbach, der Schubert wegen seiner syphilitischen Erkrankung »Bewegung in frischer Luft« verordnet hatte, muß danach ebenfalls der naturphilosophischen Richtung angehört haben. Inwieweit Wisgrill davon beeinflußt war, ist schwieriger zu entscheiden. Bei seinem Konsil scheint er jedenfalls keine wesentlichen Änderungen der bis dahin recht zurückhaltenden Therapie vorgeschlagen zu haben, es sei denn, er hätte noch den in der Rechnung aufgeführten Aderlaß (die vielleicht einzige schädliche Maßnahme) angeraten.

Schon diese wenigen Sätze über die Qualifikation der behandelnden Ärzte Schuberts verweisen die Polemiken des Musikwissenschaftlers Harry Goldschmidt in das Reich der Legende. In seiner 1980 in der DDR erschienenen Schubert-Biographie, die sieben Auflagen erlebte, will er seinen Lesern glaubhaft machen, daß »die in ihrem Fortschritt in

Österreich gewaltsam unterbundene Heilkunst mit ihrer unzulänglichen Behandlungsweise eine unleugbare Verantwortung am frühen Tod Schuberts« habe. Der eigentliche Schuldige hierbei sei der Staatskanzler Metternich gewesen, der führende Ärzte Österreichs ihrer Lehrämter enthoben oder ins Ausland vertrieben habe. Zweifellos emigrierten unter der Regierung des gegenüber Neuerungen mißtrauischen Kaisers Franz II. und der Kanzlerschaft Metternichs einige bedeutende Ärzte aus Österreich, allen voran Johann Peter Frank, der sich nach St. Petersburg begab, aber später als Privatmann wieder nach Österreich zurückkehrte. Das bedeutete jedoch keineswegs, daß in Österreich schlechte Medizin praktiziert wurde. Es gab dort trotzdem eine ganze Reihe hervorragender Ärzte. Die Polemiken Goldschmidts sind auch schon deswegen indiskutabel, weil zu Zeiten Schuberts noch jegliche Voraussetzungen für eine erfolgversprechende kausale Behandlung des Typhus fehlten. Sie wurden erst mehr als hundert Jahre später geschaffen!*

Gerade bei Schubert könnte man versucht sein, der Frage des Zusammenhangs zwischen Krankheit und schöpferischer Arbeit eines Genies nachzugehen. Aber auch bei ihm zeigt sich, daß das nur zu unnützen Spekulationen führt. Der schöpferische Prozeß und der damit verbundene persönliche Stil des Genies sind vorgezeichnet und unterliegen keinen über Zufälligkeiten hinausgehenden erkennbaren Einflüssen durch Krankheiten. Im Spital, entweder im

* Noch unsinniger sind die Ausführungen in dem bekannten Werk von Lange-Eichbaum/Kurth »Genie, Irrsinn und Ruhm« (7. Aufl., München 1986), wonach Schubert das Opfer einer Bleiintoxikation gewesen sein könnte, oder gar Selbstmord verübt habe, wobei dem Bruder Ferdinand eine »zwielichtige Rolle« zukomme. Wenn dazu noch behauptet wird, Schubert sei »ziemlich sicher« nicht an einer Typhuserkrankung gestorben, da bei ihm keine entsprechenden Symptome vorhanden gewesen seien, läßt das die ganze medizinische und medizingeschichtliche Ahnungslosigkeit der Autoren erkennen.

Abb. 12 Exhumierung Schuberts 1888

Sondersaal für Ausschlagskranke, oder gar im 90 Betten-Saal für Geschlechtskranke, komponierte Schubert die »Müllerinnenlieder«, Höhepunkte der bezauberndsten Romantik. Die düsteren Lieder der »Winterreise« schrieb er dagegen während einiger Monate relativen Wohlbefindens. Korrigiert hat er sie noch auf seinem letzten Krankenlager, bis er in die tödlichen Fieberdelirien fiel.

Exhumierungen

Schubert wurde, gemeinsam mit Beethoven, zweimal exhumiert, 1863 und 1888. Die erste Exhumierung sollte dazu dienen, »die irdischen Überreste Beethovens und Schuberts vor dem Umsichgreifen weiterer Verwesung zu sichern.« Dieser Wunsch entsprang nicht zuletzt dem naturwissenschaftlich ausgerichteten Geist der Zeit, mit einem besonderen Interesse für anatomische Fragen. Das menschliche Skelett fand weit mehr Beachtung als heutzutage, da man vorwiegend morphologisch deskriptiv dachte. Unser jetziges medizinisches Denken ist demgegenüber weitgehend funktionell ausgerichtet, d.h. unser Interesse gilt mehr den Störungen der Funktionen eines Organismus durch Krankheiten als deren visuellem Niederschlag. Die zweite Exhumierung hatte ihren konkreten Grund in der Umbettung Schuberts und Beethovens auf den Wiener Zentralfriedhof, da der Währinger Friedhof aufgelassen wurde. Heute ist er ein beschaulicher kleiner Park, in dem um die ehemaligen, als Denkmäler gepflegten Grabstätten Beethovens und Schuberts die Kinder spielen.

Nur das Wesentlichste der beiden Exhumierungen, über die sehr ausführliche Protokolle existieren, sei hier aufgeführt, da sie nichts zu einer pathographischen Erhellung beitragen. Bei der ersten Exhumierung am 19. Oktober 1863 fand man Schuberts Schädel noch recht gut erhalten, ja es waren sogar Haarreste vorhanden, die ein Verwandter Schuberts an sich nahm,um sie nach und nach als Andenken zu verschenken. Das übrige Skelett Schuberts war nurmehr lückenhaft. Mit welchem Ernst und welcher Gewissenhaftigkeit man unter der Aufsicht von Vertretern des Staates und der Ärzteschaft vorging, zeigt, daß man am Tag darauf die Erde nochmals durchsiebte und dabei noch einen Zahn Schuberts fand. Um die sterblichen Überreste Beethovens und Schuberts zu erhalten, wurden sie in Metallsärge verbracht, die man verlötete und dann wieder in die Gräber senkte. Der Erhaltungsversuch hatte aber nicht den gewünschten Erfolg, wie sich schon 16 Jahre später bei der zweiten Exhumierung zeigte. In der relativ kurzen Zwischenzeit von 1863-1888 war der Verfall der Skeletteile erheblich fortgeschritten. Diesmal erstattete der angesehene Wiener Anatom Professor Karl Toldt vor der Wiener Anthropologischen Gesellschaft einen ausführlichen Bericht. Mit größter Akribie hatten er und seine Mitarbeiter alle Einzelheiten der erhaltenen Knochenstücke beschrieben und umfangreiche Messungen daran vorgenommen. Zu Erkenntnissen von wissenschaftlichem Wert trug auch das nicht bei. Die »merkwürdigen Verdickungen in der Schläfengegend«, die man gefunden haben wollte und die auf eine besonders starke Ausbildung des Hörzentrums deuten sollten, entsprangen einem reinen Wunschdenken, da die Lehre Galls noch immer lebendig war (Näheres darüber siehe im Kapitel Joseph Haydn Bd. I). Als einzigen wissenschaftlichen Wert kann man allenfalls anerkennen, daß man an den Knochenresten, vor allem am Schädel, keine Anzeichen einer syphilitischen Erkrankung fand.

Bei der zweiten Exhumierung war kein Geringerer als Anton Bruckner zugegen. Die Ehrfurcht vor Schubert erfüllte ihn derart, daß er dessen Schädel küßte, ehe man ihn wieder in den Sarg legte.

Abb. 13 Schuberts Grabmal auf dem Wiener Zentralfriedhof.

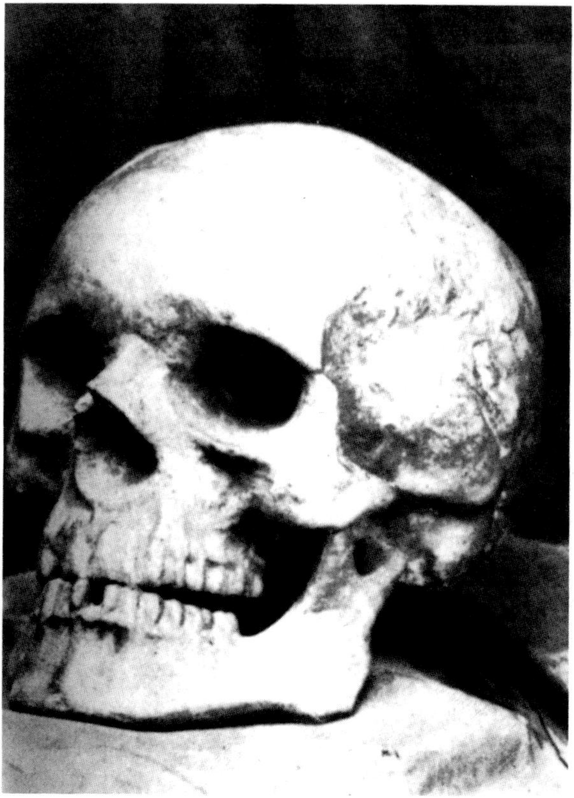

Abb. 14 Schuberts Schädel.

Literatur

Bauernfeld E. von: Bilder und Persönlichkeiten aus Alt-Wien. Altötting 1948.
Chézy W. von: Erinnerungen aus meinem Leben. Schaffhausen 1863.
Deutsch O. E.: Franz Schubert, die Dokumente seines Lebens und Schaffens. Bd. 2 und 3. München 1913 und 1914.
Deutsch O. E.: Schuberts Krankheit. Zeitschrift für Musikwissenschaft IV, 100, 1921.
Deutsch O. E.: Franz Schubert, Briefe und Schriften. 2. Auflage, München 1922.
Deutsch O. E.: Schubert. A Documentary Biography. London 1946.
Deutsch O. E.: Schubert. Erinnerungen seiner Freunde, gesammelt und herausgegeben von O. E. Deutsch. Wiesbaden 1957
Deutsch O. E.: Schubert, die Dokumente seines Lebens. Kassel — Basel — Paris — London — New York 1964.
Franken F. H.: Das Leben großer Musiker im Spiegel der Medizin. Stuttgart 1959.
Franken F. H.: Franz Schubert. In: Krankheit und Tod großer Komponisten. Baden-Baden — Köln — New York 1979.
Goldschmidt H.: Franz Schubert. Ein Lebensbild. Leipzig 1980.
Grove G.: Beethoven, Schubert, Mendelssohn. London 1951.
Heuberger R.: Schubert. Berlin 1920.
Hug F.: Franz Schubert. München 1976.
Kahl W.: Verzeichnis des Schrifttums über Franz Schubert 1828 bis 1928. Regensburg 1938.
Koopman J.: Ärzte und Ärztliches im Leben Mozarts und Schuberts. Bijdragen tot de Gesch. der Geneeskunde V, 247. Amsterdam 1925.
Kreissle von Hellborn H.: Franz Schubert. Wien 1865.
Lesky E.: Die Wiener Medizinische Schule im 19. Jahrhundert. Graz — Köln 1965.
Lesky E.: Meilensteine der Wiener Medizin. Große Ärzte Österreichs in drei Jahrhunderten. Wien — München — Berlin 1981.
Müller R. F.: Die Körpergröße Schuberts. Bericht über den internationalen Kongreß für Schubertforschung. Augsburg 1929.
Neuberger M.: Das alte medizinische Wien in zeitgenössichen Schilderungen. Wien 1921.
Paumgartner B.: Franz Schubert. Zürich 1947.
Rehberg W. und P.: Franz Schubert, sein Leben und Werk. 2. Aufl. Zürich 1947.
Schubert F.: Aus Franz Schuberts Leben. Zeitschr. für Musikwissenschaft X (1927).
Schünemann G.: Erinnerungen an Schubert: J. v. Spauns erste Lebensbe-

schreibung. Berlin — Zürich 1936.
Schweisheimer W.: Der kranke Schubert. Zeitschr. für Musikwissenschaft III, 553 (1921).
Vorberg G.: War Schubert syphilitisch? Ärztl. Rundschau 35, 165 (1925).
Werlé H.: Franz Schubert in seinen Briefen und Aufzeichnungen. Leipzig 1951.

Gaetano Donizetti

(1797—1848)

Einleitung

Donizettis Lebensweg wäre wahrscheinlich recht monoton verlaufen ohne die größeren äußeren Spannungsmomente, wie wir sie in manch anderer Biographie großer Komponisten finden, wenn nicht ein qualvolles Leiden seine letzten Jahre überschattet hätte. Bis dahin führte er das Leben eines umjubelten und anerkannten Komponisten, der es schon in jungen Jahren zu Ansehen gebracht hatte. Er schrieb Oper um Oper, die Melodien flossen ihm unaufhörlich aus der Feder, während er von einer Theatermetropole zur anderen reiste, um seine Werke aufzuführen. Sein Leben war hektisch, spielte sich vorwiegend in Hotels, in der Kutsche, Eisenbahn oder auf dem Schiff ab, aber für den Chronisten gäbe es darüber, ähnlich wie bei Daniel François Esprit Auber (1782-1871), Giacomo Meyerbeer (1791-1864) oder später Jules Massenet (1842-1912), die im betagten Alter starben, wenig zu berichten, wenn er nicht im Wahnsinn geendet hätte, kaum mehr als fünfzig Jahre alt. Zuvor hatte er einen mehr als dreijährigen Leidensweg hinter sich, während dem er, der gefeierte Komponist, monatelang Insasse einer Irrenanstalt war, ehe er seine Heimatstadt Bergamo wiedersah, in der er bald darauf starb.

Es besteht kein Zweifel daran, daß Donizetti das Opfer einer Taboparalyse als Folge einer in jungen Jahren erworbenen luetischen (syphilitischen) Infektion wurde. Fast drei Jahrzehnte hatte sich die Krankheit nur in Andeutungen bemerkbar gemacht, in kurzen »Fieberattacken« oder migräneartigen Kopfschmerzen. Dann aber zerstörte sie innerhalb weniger Monate die Persönlichkeit dieses genialen Menschen, machte ihn zu einem geistigen Wrack, das gelähmt, verblödet und stumpfsinnig dahindämmerte.

Jugend

Gaetano Donizetti kam als fünftes der sechs Kinder von Andrea und Domenica Donizetti am 29. November 1797 in Bergamo, einem norditalienischen Städtchen unweit des Gardasees, zur Welt. Die Familie war arm und hauste in einer Kellerwohnung der Oberstadt. Früh erkannte man seine außerordentliche musikalische Begabung und gab den Jungen zum Unterricht zu Johann Simon Mayr (1763-1845), einem weit über Bergamo hinaus anerkannten Musiker und Lehrer, der an der dortigen Musikschule wirkte und die Sängerknaben für die Kirche Santa Maria Maggiore ausbildete. Donizetti hatte anfangs Schwierigkeiten als Schüler, weil er an einem Stimmfehler litt. In den Unterlagen der Schule finden sich Notizen darüber, daß bei ihm ein »Difetto di Gola« (Kehlkopf- oder Halsdefekt) vorlag, der zu einer »Voce difettosa« geführt habe. Näheres über das Ausmaß des »Stimmdefekts« wissen wir nicht; erheblich kann er aber nicht gewesen sein, auch nicht von Dauer, denn in den folgenden Jahren, bis zum Eintritt des Stimmbruchs, trat Gaetano sehr wohl öffentlich als Sängerknabe in Erscheinung. Mayr behielt ihn auch nach dem Stimmbruch noch einige Zeit als Schüler, ehe er ihn mit 18 Jahren dem berühmten Abbate Mattei (1750-1825), der in Bologna am Liceo Filarmonico Communale wirkte, übergab. Dort blieb Donizetti zwei Jahre. Zumindest einmal war er in Bologna ernstlicher krank. Am 11. August 1816 schreibt er dem Musikdirektor von Messina, Mario Aspa, daß er an einem

Abb. 1 Donizettis Geburtshaus in Borgo Canale, Bergamo. Rechts oberhalb des Eingangs die Gedenktafel.

langwierigen Fieber leide, »das mich erst heute zu verlassen scheint.« Möglicherweise handelte es sich dabei um die erste Manifestation der später immer wieder auftretenden »Fieberattacken« und damit um die ersten Symptome seiner zum Tode führenden Krankheit. Weinstock meint in seiner umfassenden Biographie, man könne davon ausgehen, daß Donizetti, von Natur aus ein leidenschaftlicher Mensch, in Bologna seine ersten sexuellen Erfahrungen gesammelt und sich dabei luetisch infiziert habe.

Im Sommer 1817 kehrte Donizetti nach Bergamo zurück, unschlüssig darüber, was aus ihm werden solle, aber zielbewußt in dem, was er tat: Er nahm seine schier unerschöpfliche Kompositionstätigkeit auf, die er fast 30 Jahre beibehalten sollte. In Bologna hatte er zuvor nur eine einaktige Oper geschrieben, jetzt sprudelten die Opern nur so hervor — insgesamt wurden es am Ende 71. Nun begannen sich auch die Impresarios und Direktoren der Opernhäuser für ihn zu interessieren. Zunächst gelangten zwei Opern in Venedig zur Uraufführung; dann wandte sich das Teatro Argentina in Rom an ihn, in dem bald die Uraufführung seiner Oper »Zoraide di Granata« erfolgte. Die Premiere am 28. Januar 1822 wurde ein grosser Erfolg. Donizetti, nunmehr 22 Jahre alt, hatte damit den entscheidenden Durchbruch erzielt. Er blieb jedoch nicht lange in Rom, sondern zog nach Neapel, wo er fast sein ganzes Leben lang einen Wohnsitz behielt. Dort erlebte auch der grössere Teil seiner Opern seine Uraufführung; erst in späteren Jahren verlagerten sich die Premieren zusehends nach Paris. In den Jahren 1827 und 1828 komponierte er alleine acht Opern, von denen heute aber kaum noch eine auf den Spielplänen zu finden ist. Über Krankheiten ist bis 1828 wenig bekannt. Lediglich vom Sommer 1824 wird berichtet, daß er unter einer seiner »Fieberattacken« gelitten habe.

Abb. 2 Der achtzehnjährige Donizetti als Student in Bologna. Anonymes Gemälde.

In Rom lernte Donizetti 1826 Virginia Vaselli (1808-1837), die Tochter eines angesehenen Juristen, kennen und verliebte sich in sie. Nach den von ihr erhalten gebliebenen Bildern muß sie ein zauberhaft schönes Geschöpf gewesen sein. Donizetti, der inzwischen gute und langfristige Opernverträge in der Hand hielt, die ihm seine Existenz sicherten, heiratete Virginia am 1. Juni 1828 und nahm sie mit nach Neapel. Schon bald stellte sich das erste Unheil ein: Zunächst erkrankte er selbst ernsthaft. Im Mai 1829 berichtet er darüber seinem Vater: »Ich schreibe Dir nach dem Sturm. Ich war sehr krank mit Krämpfen, Gallenfieber und inneren Hämorrhoiden und deswegen Aderlässe, Bäder, Abführmittel, Diät, und danach wurde ich wieder krank. Jetzt befinde ich mich auf dem Weg der Besserung.«

Welcher Art die Erkrankung war, muß offen bleiben. Donizetti, gerade mit den Vorbereitungen der Premiere seiner Oper »Elisabetta al castello di Kenilworth« in Neapel beschäftigt, hatte die schwangere Virginia für die letzten Wochen vor der Entbindung und zur Niederkunft in das väterliche Haus nach Rom gebracht. Schon wenige Tage nach der Ankunft in Rom erlitt sie eine Frühgeburt im siebten Schwangerschaftsmonat. Das Kind war mißgebildet und lebte nur 12 Tage. Seinem Vater gibt Donizetti darüber am 20. August folgende Schilderung: »...die besten Ärzte Neapels verneinten eine Gefahr für die Gebärmutter.....mit dem Resultat, daß das Baby im 7. Monat geboren wurde. Es hatte eine breite Vene oben am Kopf, die von Ohr zu Ohr lief mitten durch das Gehirn hindurch. Sieben Tage nach der Geburt fiel es in Krämpfe, verdrehte die Augen, aß nicht mehr und nach einem kurzen Leben, kaum verlängert durch löffelweise verabreichte Milch, blieb es zwei Tage mit geschlossenen Augen und starb. Es ist besser so, als einen durch

Abb. 3 Virginia Vassilli Donizetti.
Gemälde von Teodore Ghezzi 1829.

Abb. 4 Donizetti um 1830
Ölgemälde Museo Donizettiano, Bergamo.

Krankheit entstellten Sohn zu haben, von dem man sagt, daß er im Falle der Genesung ein Krüppel bleiben würde.«

Etwa zu gleicher Zeit machte sich bei Donizetti ein Symptom bemerkbar, das ihn sein Leben lang begleiten sollte: migräneartige Kopfschmerzen. Außerdem peinigten ihn seine Hämorrhoiden.

Seiner Schaffenskraft taten diese Beschwerden jedoch keinen Abbruch. Er komponierte unermüdlich. Wie sich Louis Engel erinnert, schrieb er »schnell in einem so hohen Grad, daß, als ich ihn das erstemal schreiben sah, ich nicht dachte, er würde komponieren. Er hatte ein Geschick, das Notenpapier mit Punkten zu versehen wie einen Telegraphenstreifen, und wenn er es getan hatte, fügte er die Striche und Linien hinzu.«

Die nächsten sechs Jahre in Donizettis Leben verliefen recht gleichförmig. Er wohnte entweder in Neapel oder in Rom, unterbrochen von Reisen nach Mailand, Venedig, Florenz und anderen italienischen Opernmetropolen. Die mit am bekanntesten gebliebene seiner Opern, »Lucia di Lammermoor«, entstand 1835. Aus dem Jahr 1834 wird berichtet, daß er wieder an einem seiner Anfälle von »biliösem Fieber« gelitten habe. 1835, während der Arbeit an der »Lucia di Lammermoor«, nahmen seine Kopfschmerzen an Intensität derart zu, daß er deswegen einige Tage das Bett hüten mußte. Ein Brief an Giovanni Ricordi vom 17. Oktober beginnt mit den Worten: »Von meinem Bett aus, mit den grimmigsten Kopfschmerzen....« Anfang 1836 lag er erneut zu Bett, diesmal mit einem »nervösen Fieber«. Im Januar hatte Virginia wiederum eine Frühgeburt. Das Kind, ein Mädchen, kam im siebten Schwangerschaftsmonat tot zur Welt.

Bald darauf starb Virginia. Schon wenige Monate nach der Totgeburt war sie wieder schwanger geworden. Donizetti ließ sie deswegen, als er Anfang Dezember 1836 nach Genua segelte, in Neapel zurück. Wegen der in Italien grassierenden Cholera verlängerte sich seine Reise, da er 18 Tage lang in Quarantäne genommen wurde. Die Cholera hatte inzwischen auch Neapel erreicht, so daß er um Virginia besorgt war. Er riet ihr, zur Vorbeugung eine Diät einzuhalten, aus der alle Arten von Gemüse, außer Zwiebeln, gestrichen waren, statt Salat sollte sie Früchte essen sowie den Fettverzehr einschränken. Am 13. Juni 1837 wurde sie von einem Sohn entbunden. Auch er starb sofort nach der Geburt. Wenige Tage nach der Entbindung erkrankte die ohnehin geschwächte Virginia selbst akut. Nach den vorhandenen Quellen war die Krankheit von einem Exanthem (Hautausschlag) begleitet. Man dachte an Masern, Röteln oder Scharlach, alles Infektionskrankheiten, bei denen ins Auge fallende Exantheme vorhanden sind. Naheliegender ist allerdings der Gedanke, daß Virginia ein Opfer der Cholera wurde. Einem kurz vor ihrem Tod verfaßten Brief Donizettis zufolge hatte die Seuche in Neapel gerade in einer Nacht 80 Tote gefordert. Dem gleichen Brief ist auch zu entnehmen, daß Virginia an Diarrhöen gelitten hatte, ehe sie am 30. Juli 1837 frühmorgens nach einem Bad starb. Offenbar war es dabei zu einem Kreislaufkollaps oder plötzlichem Herzstillstand gekommen. Das Vorliegen eines Exanthems spricht durchaus nicht gegen die Diagnose einer Cholera, da diese auch mit einem Exanthem, dem sogenannten Choleratyphoid einhergehen kann. Es tritt vor allem dann auf, wenn sich die Erkrankung länger hinzieht. Virginia war mindestens zwei bis drei Wochen krank gewesen, ehe sie starb.

Donizetti überwand Virginias Tod nie. In seinen Briefen kommt er immer wieder auf sie zu sprechen. Er muß sie sehr geliebt haben und konnte sich auch nicht mehr entschliessen, erneut zu heiraten, obwohl er Gelegenheit dazu genug gehabt hätte. Ruhelos reiste er in den folgenden Jahren durch Europa, wobei er sich mehr und mehr in Wien oder Paris aufhielt.

Man hat natürlich darüber spekuliert, ob die Komplikationen bei Virginias drei Geburten nicht Folge einer syphilitischen Ansteckung durch Donizetti waren. Sicher klären läßt sich das nicht mehr. Einiges spricht jedoch dafür, obwohl Donizetti, als er heiratete, nicht ansteckend gewesen sein muß. Angeborene Mißbildungen sind häufig die Folge von Infektionen der Mutter während der Schwangerschaft, und Totgeburten kommen gerade bei luetisch infizierten Müttern vor. So liegt es nahe, daran zu denken, daß Virginia luetisch infiziert war, was sie selbst vielleicht gar nicht wahrgenommen hatte.

Die Katastrophe kündigt sich an

Virginias Tod brachte nur eine kurze Unterbrechung in Donizettis Reiseleben mit sich. Schon bald komponierte er wieder mit der gewohnten Schnelligkeit und studierte an den verschiedenen Opernhäusern seine Werke ein. Seine Krankheit ließ ihm noch eine Atempause, obwohl die »Fieberattacken« häufiger und intensiver wurden. Man nahm sie nicht allzu ernst, da man an sie gewohnt war. Was man genau darunter verstand, läßt sich nicht mehr sagen. Fiebermessen mit dem kleinen, uns geläufigen Quecksilberthermometer gab es noch nicht. Wenn man von Fieber sprach, richtete man sich nach klinischen Symptomen, besonders einem beschleunigten Puls, oder nach dem Vorhandensein von Schüttelfrösten und Schweißausbrüchen.

Neben den »Fieberattacken« nahmen aber auch die heftigen, migräneartigen Kopfschmerzen zu. Darüber liegen verschiedene Zeugnisse von Donizettis Hand vor. So schrieb er Anfang August 1839 an Tommaso Persico, daß er mit Kopfschmerzen zu Bett liege. Ende Juli 1842 teilt er seinem Freund Dolci aus Bergamo mit, daß er an Kopfweh leide. Aus Neapel berichtete er Ende August des gleichen Jahres, daß er während des Sommers zweimal innerhalb eines Monats wegen hohen Fiebers habe das Bett hüten müssen.

1842 war es auch, daß seine Freunde ihn, der noch keine 45 Jahre alt war, deutlich vorgealtert fanden. Die Ärzte in Bergamo, Federico Alborghetti und Michelangelo Galli, schreiben in ihren 1875 erschienenen Notizen, daß er innerhalb von zwei Monaten sichtlich gealtert und seine große, zuvor aufrechte und majestätische Gestalt zusammengesunken gewesen sei. Seine so glühenden und ausdrucksvollen Augen hätten tief in den Höhlen gelegen. Damals glaubte man auch die ersten psychischen Symptome seiner Krankheit zu erkennen. Seine in »Makkaroni Latein« verfaßten Briefe hinterließen zeitweilig einen merkwürdigen Eindruck. Aber das waren, wenn überhaupt, nur Andeutungen des eineinhalb Jahre später mit ganzer Heftigkeit ausbrechenden Leidens. Noch befand sich Donizetti auf dem Höhepunkt seiner schöpferischen Phase: 1842 komponierte er den »Don Pasquale«, eine Oper, die zusammen mit »Lucia di Lammermoor« als seine beste gilt und in den Repertoires der Opernhäuser immer noch ihren Platz hat. Aber die »Fieberattacken« wurden nun beunruhigender. Im Januar 1843 schreibt Donizetti seinem Freund Dolci: »Von Zeit zu Zeit habe ich mein gewöhnliches Fieber, das mir einen Besuch abstattet, aber es dauert nicht mehr als gewöhnlich 24 Stunden. Seine Gewalt entkräftet mich zwar für einige Zeit, dann aber beginne ich wieder zu arbeiten und mit größerem Eifer.«

Bedrohlich wurden die Krankheitssymptome, als Donizetti im November 1843 seine Oper »Dom Sébastien« in Paris einstudierte. Während der Proben soll er einmal ausgerufen haben: »Dom Sébastien tötet mich.« Bei den Vorbereitungen zur Premiere hatte es allerdings manchen Ärger gegeben. So weigerte sich die Sängerin Rosine Stolz, während der Arie eines Tenors auf der Bühne zu bleiben.

Verschiedene Zeugen stimmen jedoch in ihren Berichten darin überein, daß Donizetti jetzt wesensverändert wirkte. Seine Physiognomie erschien starr, er war ungeduldig, jähzornig und barsch. Am auffallendsten war aber seine Unsicherheit auf den Beinen. Wie sich Charles de Boigne erinnerte, war sie derart ausgeprägt, daß er auf dem Weg zu seiner Kutsche hingefallen wäre, wenn man ihn nicht gestützt hätte. Cicconetti, einer der frühen Biographen Donizettis, spricht davon, daß der Künstler schon damals nichts anderes »als ein kranker Mann« gewesen sei.

Alphonse Royer meint, Donizetti habe jetzt auch selbst die ersten Symptome seiner Krankheit empfunden. Hierfür dürften neben den häufigen Kopfschmerzen heftige Schwindelerscheinungen verantwortlich gewesen sein. Die Ärzte verordneten ihm Ruhe und Enthaltung von jeglicher geistigen Arbeit. Dem Zug der Zeit folgend erhielt er außerdem Abführmittel und, wie er in einem Brief aus Wien vom 6. Januar 1844 an Toto Vaselli erwähnt, Digitalissirup, vier Teelöffel täglich. Es habe ihm gut getan, meinte er, und da es ihm jetzt besser gehe, werde er es nicht mehr einnehmen. Wir wundern uns darüber, daß die Ärzte bei Donizettis Symptomatik Digitalis verordneten, wo wir es doch nur zur Behandlung von Herzkrankheiten kennen. Diese Ausschließlichkeit der Indikation war damals noch nicht bekannt. Man schrieb dem Digitalis einen Einfluß auf das zentrale Nervensystem zu und glaubte, daß es fiebersenkend wirke. Das hing damit zusammen, daß es den Herzschlag und damit auch den tastbaren Puls verlangsamt.

Donizetti war Mitte Dezember 1843 nach Wien gereist, wo er sich bis Juli 1844 aufhielt. Dann brach er zusammen mit seinem Bruder Giuseppe zu einer Italienreise auf. Als Giuseppe, der in Konstantinopel lebte, Anfang Juni in Wien eintraf, lag sein Bruder mit einer akuten Darmerkrankung zu Bett. In einem Brief an Vaselli heißt es: » Ich war krank..wie reizend, bin ich nicht mehr der Herr über meinen Darm? Ja, Sir, ich habe zwei Einläufe, zwei Dosen Rizinusöl, Abführmittel, Pulver, Wärmeanwendung erhalten....« Man sieht aus den Zeilen, daß man in üblicher Weise den Teufel mit Beelzebub auszutreiben versuchte. Erst Mitte Juli konnten die Brüder aufbrechen. Schon am Tag der Abreise trat bei Donizetti wieder eine »Fieberattacke« auf, die diesmal drei Tage anhielt. Als man Anfang August Genua erreichte, stellten sich heftige Kopfschmerzen ein, auch soll Donizetti während der bis Neapel führenden Reise psychisch auffällig gewesen sein.

Alarmierend wurden die Symptome nach der Rückkehr nach Wien Anfang Dezember 1844. Erstmals kam es neben zeitweiligen Bewußtseinstrübungen zu Verwirrtheitszuständen. Die Beine versagten ihre Dienste, die Mimik wurde starr, Apathie wechselte mit Zornesausbrüchen und Depressionen. Die Ärzte verordneten Bäder (damals als Behandlung in Wien besonders beliebt) und Senfpackungen auf den Nacken. Wiederum vergingen einige Monate, während deren man Donizetti gewähren ließ, da er sich noch selbst zu helfen vermochte und die Kontrolle über sich immer nur vorübergehend verlor. Am 20. Mai 1845 schreibt er an Tommaso Persico, daß er äußerst nervös sei, und am 7. Juni an Dolci, daß das Wiener Klima bei ihm zu einem nervösen Fieber geführt habe.

Gegen Ende des letzten Jahrhunderts entbrannten heftige Diskussionen darüber, ob Donizetti 1844 auch seine sexuelle Selbstkontrolle verloren habe. Bei der Ereiferung darüber muß man die »offiziell« strengen moralischen Grundsätze von damals berücksichtigen. Ein sexuelles Ausleben gab es nur im Verborgenen, nach außen wurde in einer uns heute kaum vorstellbaren Weise der Schein gewahrt. So empörten sich die Moralisten über Berichte, Donizetti habe sich nachts mit »Damen« im Wiener Prater getroffen und

Abb. 5 Donizetti 1844.
Miniaturbild von Albanesi.

sein Haus sei für sie offengestanden. Besonders verwerflich fand man die Behauptung, er habe sich, da er sonst nicht mehr zur Befriedigung gelangt sei, gleichzeitig mit zwei Frauen eingelassen. Wie dem auch sei, es frägt sich, ob Donizetti nicht eher die Vorsicht gegenüber den Zwängen der Gesellschaft außer acht ließ, als daß er langjährige Gewohnheiten aufgab. Erscheint es doch unwahrscheinlich, daß ein Mann von derartigem Temperament nach Virginias Tod (1829) über 14 Jahre lang enthaltsam gelebt haben soll.

Die Katastrophe

Die Zerstörung von Donizettis Persönlichkeit machte kurz nach seiner Ankunft in Paris, im August 1845, rasante Fortschritte. Als seine Freunde ihn in den ersten Augusttagen wiedersahen, waren sie entsetzt. Die Augen flackerten fiebrig, der Gesichtsausdruck war stumpf und die Hände zitterten. Verwirrt zog er von einem Caféhaus zum anderen und redete dort die unsinnigsten Dinge. Am 9. August, seinem Namenstag, war die Verwirrtheit so bedrohlich, daß man ihn von drei prominenten Ärzten untersuchen ließ. Durch einen Brief Donizettis an Antonio Vaselli sind wir über das Konsil unterrichtet. Danach hatte man Gabriel Andral (1797-1876), Philippe Ricord (1799-1889) und wahrscheinlich Jean Nicolas Marjolin (1786-1850) hinzugezogen. Es waren angesehene Ärzte, die ihren festen Platz in der Medizingeschichte haben. Andral galt als besonderer Kenner der Blutkrankheiten. Auf ihn geht z. B. die Bezeichnung Anämie (Blutarmut) zurück; auch hatte er sich gegen die Auswüchse der unseligen Lehren Broussais' gewandt. Marjolin, dessen Mitwirkung bei dem Konsil nicht ganz sicher ist, weil sich Donizetti nicht mehr auf seinen Namen besinnen konnte, war weniger Wissenschaftler, sondern genoß als praktisch tätiger Arzt großes Ansehen. Er war Professor der chirurgischen Pathologie. Der Bedeutendste der drei war Ricord, der nicht ohne Grund an Donizettis Krankenbett stand. Er galt als die hervorragendste Kapazität auf dem Gebiet der venerischen Erkrankungen (Geschlechtskrankheiten). Schon 1838 war sein Lehrbuch über deren Behandlung erschienen. Seine Hinzuziehung läßt darauf schließen, daß man sehr wohl über die wahre Ursache von Donizettis Geisteskrankheit unterrichtet war. Offensichtlich war Ricord anfangs nur einmal konsiliarisch zugegen, was auch erklärt, daß Andral, der zunächst die Behandlung übernahm, Ende August einen weiteren Spezialisten für Erkrankungen des Gehirns, Louis Leon Rostan (1790-1866), hinzuzog. Dieser hatte 1823 eine Abhandlung über die Gehirnerweichung veröffentlicht. Andral und Rostan gaben nun ein Gutachten ab, worin sie sich diagnostisch festlegten. Es bildet den Anfang von mehr als einem Dutzend derartiger Protokolle, die bis zu Donizettis Tod von den verschiedensten Ärzten herausgegeben wurden. Andral und Rostan schreiben, daß Donizetti als Folge übermäßiger Arbeit (diese Formulierung diente naturgemäß nur als Umschreibung der wahren Ursache) an einer Erkrankung des Zentralnervensystems leide. Sie forderten deswegen die Enthaltung von jeglicher geistigen Arbeit und schlugen als weitere therapeutische Maßnahmen Fußbäder, das Anlegen von Blutegeln auf den Darmausgang, das Ansetzen von Vesikatoren und anderes vor. Außerdem empfahlen sie den Aufenthalt in einem Seebad.

Das Protokoll wurde am 30. August 1845 verfaßt. Zehn Tage später äußerte Donizetti in einem Brief an Cottrau, daß es ihm viel besser gehe, er aber noch zu Bett liege. Man habe ihm Blutegel und Senfpflaster angelegt. Die Besserung war jedoch trügerisch. Schon Anfang Oktober waren die Symptome der Krankheit erheblich fortgeschritten. So ließ Donizetti am 2. Oktober Teodoro Ghezzi wissen: »Ich schreibe

Abb. 6 Gabriel Andral (1797 - 1876).

Abb. 7 Philippe Ricord (1800-1889), Photographie

Dir 3 Stunden nach einer chirurgischen Operation, bei der man mir einen Vesikator angesetzt hat, dazu 25 Blutegel hinter die Ohren und nochmals 20...Ich leide!« Am Ende des Briefes fügt er hinzu: »Meine Nerven sind derart erregt, daß ich heute Nacht aus dem Bett fiel....« Am 7. Oktober teilt er Tommaso Persico mit: »Ich bin noch krank... Ich fiel aus dem Bett in der Nacht und schlug mit dem Kopf auf den Boden...Licht, Licht. Weder das von Gott oder das von Öl und Wachs. 12 Stunden Krämpfe, 24 Blutegel, Spülungen, Brechmittel, heiße Senfpflaster auf meine Schenkel. Nichts, nichts.«

Um ein übriges zu tun, steigerte man sogar noch den Einsatz von Blutegeln. Am 14. Oktober äußerte Donizetti, daß man ihm gleich 50 Blutegel und einen Vesikator angesetzt habe, dazu nahm er noch die verschiedensten Arzneien. Ähnlich wie in einem späteren Brief vom 22. Oktober an seinen Bruder Giuseppe, in dem von »nervösem Fieber« die Rede ist, spricht echte Verzweiflung aus seinen Zeilen. Die Briefe machen keinen verwirrten Eindruck, sie scheinen in klaren Augenblicken geschrieben zu sein. Während des Oktobers war Donizetti auch noch nicht ständig bettlägerig oder auf fremde Hilfe angewiesen. Man sah ihn verschiedentlich in den Salons oder im Theater. Als ihn Ende Oktober ein alter Bekannter aus Bergamo besuchen wollte, war er nicht zu Hause anwesend, da er »schon früh ausgegangen sei«, wie man ihm sagte. Als der Besucher am folgenden Tag wieder kam, öffnete Donizetti selbst die Tür, da das Dienstmädchen Ausgang hatte.

Inzwischen waren derart beunruhigende Nachrichten über Donizettis Gesundheitszustand nach Italien und zu seinem Bruder Giuseppe nach Konstantinopel gelangt, daß dieser beschloß, seinen Sohn Andrea nach Paris zu schikken, um dort nach dem Rechten zu sehen und seinem Onkel behilflich zu sein. Am 13. November segelte Andrea von

Konstantinopel ab, traf aber erst am 24. Dezember in Paris ein, da er sich reichlich Zeit für die Reise genommen hatte. Drei Tage vor der Ankunft hatte ihm sein Onkel einen diesmal echt verwirrten Brief geschrieben, in dem er ihm mitteilte, er wolle übermorgen nach Wien abfahren und könne dem Neffen nicht die Hand geben, da er leidend sei. Von einer Reise nach Wien konnte aber schon deswegen nicht die Rede sein, da Donizetti dazu nicht mehr in der Lage war und die behandelnden Ärzte das auch nicht gestattet hätten. Als der 27jährige Andrea am Heiligabend 1845 seinem Onkel gegenübertrat, wußte er sogleich, daß es keine Aussichten mehr für dessen Genesung gab. Donizetti war nicht nur verwirrt und apathisch, sondern er konnte auch infolge einer Lähmung der Hals- und Nackenmuskulatur den Kopf nicht mehr hochhalten; er fiel ihm vorne auf die Brust. Seine Gesichtszüge waren starr und ausdruckslos, und er äußerte, daß jede Bewegung schmerzhaft sei und er fürchte, vergiftet zu werden.

Andrea beabsichtigte zunächst, seinen Onkel in private Pflege zu geben. Die Comtesse von Löwenstein wollte dazu ihre Villa in Nizza zur Verfügung stellen. Als Andrea das seinem Onkel während eines wachen Augenblicks vorschlug, wünschte dieser aber ausdrücklich, nicht dorthin, sondern nach Italien gebracht zu werden. Dr. Ricord, deswegen von Andrea befragt, riet dringend dazu, die Reise erst im Frühling zu unternehmen, da sie im Winter für den Kranken zu gefährlich sei. Andrea, jetzt im Zweifel darüber, was er weiter tun solle, zog daraufhin konsiliarisch zwei weitere Ärzte hinzu: Juste-Louis Calmeil (1798-1895) und Jean Louis Mitivié (1796-1871). Calmeil war Arzt am Maison Royale von Charenton (Irrenanstalt bei Paris) und galt als Kapazität auf dem Gebiet der Psychiatrie, speziell der Paralyse, worüber er 1826 ein umfassendes Werk verfaßt hatte.

Mitivié war Arzt an der Salpetrière in Paris und hatte

über den kindlichen Hydrocephalus (Wasserkopf) publiziert. Beide Ärzte waren Schüler des berühmten Jean Dominique Esquirol (1772-1840), den man als einen der Väter der modernen Psychiatrie bezeichnet.

Zusammen mit Ricord verfaßten Calmeil und Mitivié am 28. Januar 1846 ein ausführliches Gutachten, in dem sie auch die Vorgeschichte der Erkrankung zur Sprache brachten. Danach hatten sich die ersten Krankheitserscheinungen bei Donizetti 1843 eingestellt, ab 1845 soll er nicht mehr zum Komponieren fähig gewesen sein. Seit August 1845 habe die Schwäche in den Beinen derart zugenommen, daß er immer wieder hingefallen sei. Im vergangenen Herbst habe man noch Hoffnung auf Heilung gehabt, da es zwischenzeitlich zu einer Besserung gekommen sei. Der gegenwärtige Zustand mache es Donizetti unmöglich, eigene Entscheidungen zu treffen, und es bestehe jetzt keine Aussicht auf Heilung mehr. Bei dem Kranken handle es sich um eine chronische Infektion des Zentralnervensystems, vor allem der Pia mater und der Oberfläche des Gehirns.

Der wesentlichste Aspekt des Gutachtens zielte darauf hin, daß eine Unterbringung Donizettis in einer Anstalt zur Behandlung Geisteskranker ratsam sei. Offenbar wünschte Andrea, daß sich die Ärzte über diesen Punkt eindeutiger festlegten, denn drei Tage später erklärten Calmeil und Ricord nochmals in einem kurzen Attest, daß der Kranke zur Behandlung in eine psychiatrische Anstalt gegeben werden sollte. Mitivié hatte diesmal nicht mitunterzeichnet, weil er der Besitzer der für Donizettis Unterbringung schon ins Auge gefassten Anstalt für Geisteskranke in Ivry bei Paris war. Er selbst war dort jedoch nicht ärztlich tätig; die ärztliche Leitung hatte Jacques Joseph Moreau de Tours (1804-1884), ein weithin bekannter Irrenarzt, der auch als Wissenschaftler Bedeutung hatte. Ähnlich wie Richarz in Endenich (siehe Band I Kapitel Robert Schumann) gehörte Moreau zu

Abb. 8 Donizetti und sein Neffe Andrea in Paris im Sommer 1847.
Daguerreotypie.

den Reformern der Behandlung von Geisteskranken. Die Zustände in Ivry waren dementsprechend auch so, daß darüber keine Kritik laut geworden ist. Donizetti konnte seinen langjährigen Diener Antoine Pourcelot zur Pflege behalten; man hatte ihm sogar ein Billardzimmer eingerichtet. Die Einlieferung erfolgte wahrscheinlich am 1. Februar. Bevor er in die Kutsche stieg, sagte man ihm, die Fahrt ginge nach Wien.

Ivry

Obwohl Donizetti von den Ärzten sicher zu Recht als unzurechnungsfähig erklärt worden war, muß er sich zwischenzeitlich immer wieder seiner »Internierung« bewußt geworden sein. In den ersten Wochen schrieb er aus Ivry verzweifelte Briefe, in denen er davon spricht, er sei in seiner Kutsche verhaftet worden und wiederholt seine Unschuld beteuert. Auch äußert er die Ansicht, er sei das Opfer einer Verwechslung geworden und fleht um Mitleid. Es läßt sich nicht beurteilen, inwieweit diese Verzweiflungsausbrüche Ausdruck tiefergehender Empfindungen waren, seine Einsamkeit und Hilflosigkeit dürfte er jedoch zu diesem Zeitpunkt noch gespürt haben, obwohl der geistige Verfall innerhalb weniger Wochen erheblich fortgeschritten war.

Am 7. April 1847 wurde Donizetti erneut von zwei renommierten Psychiatern untersucht. Diesmal waren es Félice Voisin (1794-1872) und Achille Louis Foville (1799-1878). Voisin, Chefarzt der Irrenanstalt von Bicêtre, hatte sich vor allem mit den Lehren Galls (über Franz Joseph Gall siehe Band I, Kapitel Joseph Haydn) auseinandergesetzt und verschiedentlich über psychiatrische und ethische Probleme publiziert. Foville, Arzt am Maison Royale von Charenton galt als besonderer Kenner der Gehirn-Paralyse. Nach ihm ist das »Foville Syndrom« benannt, eine gekreuzte Halbseitenlähmung der Beine und des Gesichts mit Blicklähmung.

Nach eingehender Untersuchung kamen die beiden Ärzte zu dem Schluß, daß mit Donizetti nicht mehr die einfachste Unterhaltung möglich sei. Auf ihre Veranlassung führte man ihn in das für ihn hergerichtete Billardzimmer, um zu sehen, ob er noch in der Lage sei, Billard zu spielen. Das war aber gänzlich unmöglich, da er keine sicheren Bewegungen ausführen konnte. Die Diagnose lautete jetzt auf eine doppelte Affektion des cerebrospinalen Nervensystems, die zum einen zu einer unheilbaren Demenz, zum anderen zu Lähmungserscheinungen im Sinne einer generalisierten Paralyse geführt hätte. Donizetti sei völlig unfähig, sich selbst zu helfen.

Obwohl der Kranke in Ivry ärztlich und pflegerisch gut betreut wurde, setzte wegen seines weiteren Verbleibs ein Tauziehen ein, das sich über anderthalb Jahre hinzog. Seine Freunde Teodoro Chezzi und Toto Vaselli wünschten, daß er nach Paris gebracht werde, da er in seiner gewohnten Umgebung genau so gut gepflegt werden könne wie in Ivry, zumal bei ihm auch keine sexuellen Entgleisungen mehr zu befürchten seien. Andrea und Antonio Dolci sprachen sich demgegenüber dafür aus, Donizetti in seine Heimat nach Bergamo zu bringen, damit er dort sterben könne. Um seinem Standpunkt Nachdruck zu verleihen, wandte sich Andrea an drei weitere Ärzte mit der Frage, ob sie seinen Onkel für reisefähig hielten. Er wählte diesmal zur Begutachtung Persönlichkeiten, die im öffentlichen Leben von Paris Rang und Einfluß hatten. Es waren Dr. Cabarrus, Chévalier der Ehrenlegion, Dr. Fouquier, Arzt an der Charité und Offizier der Ehrenlegion und Louis Charles Roche, Präsident der königlich medizinischen Akademie. Einstimmig erklärten die drei, daß Donizetti in Begleitung eines Arztes ohne weiteres die Reise nach Bergamo antreten könne. Andrea nahm nun umgehend Kontakte mit Bergamo auf, um dort die Unterbringung seines Onkels zu gewährleisten. Bald erhielt er die Zusage, daß die Komtesse Rosa Basoni ihm ihren Palazzo in der Stadt oder eine ihrer beiden Villen auf dem Land zum Aufenthalt zur Verfügung stellen wolle.

Jetzt aber nahmen die merkwürdigen und bis heute nicht geklärten Ereignisse ihren Anfang, die Donizettis Reise nach Bergamo um mehr als ein Jahr verzögern sollten. Als alles zur Abreise vorbereitet war, schaltete sich plötzlich der Polizeipräfekt von Paris, Gabriel Delessert, ein und verbot sie kurzerhand. Das Gutachten von Cabarrus, Fouquier und Roche ignorierend, forderte er eine erneute Begutachtung über die Reisefähigkeit des Kranken durch den Vertrauensarzt der Präfektur, einem Dr. Béhier. Möglicherweise war Delessert davon überzeugt, daß die Anstrengungen der Reise nach Bergamo den Tod Donizettis zur Folge haben könnten und man bei einer Genehmigung ihm, dem Polizeipräfekten, später deswegen Vorwürfe machen würde. Aber das bleibt ebenso Spekulation wie die Annahme, finanzielle Hintergründe seien bei dem Gedanken, Donizetti in Frankreich festzuhalten, mit im Spiel gewesen, da er vermögend war und ständig neue Einkünfte eintrafen.

Andrea setzte es durch, daß man dem Vertrauensarzt Dr. Béhier zwei weitere Gutachter beiordnete. Es waren ein Dr. Bonneau, über den kaum etwas bekannt ist, und Dr. Ulisse Trelat (1795-1879), der sich durch Publikationen über den »Wahnsinn« einen Namen gemacht hatte, aber auch eine nicht zu übersehende politische Vergangenheit besaß. Béhier (1813-1876) selbst war Leibarzt von König Louis Philippe und durch verschiedene Veröffentlichungen auf dem Gebiet der inneren Medizin hervorgetreten.

Im Gegensatz zu ihren Vorgutachtern kamen diese drei Ärzte, wie kaum anders zu erwarten war, einstimmig zu dem Urteil, Donizetti sei nicht reisefähig. Auch ihrer Meinungsbildung ging eine eingehende Untersuchung des Kranken voraus. Als sie in Ivry ankamen, hielt er sich gerade im Garten der Anstalt auf, der sehr schön gewesen sein soll. Mit kleinen Schritten trippelte er einher. Ihre Diagnose lautete, daß Donizetti alle Zeichen einer Paralyse dritten Grades aufweise und sein Intellekt völlig erloschen sei.

Aufgrund des Gutachtens teilte Delessert Andrea am 16. Juli mit, daß sein Onkel nicht aus der Anstalt entlassen werden könne. Andrea wollte nun nicht länger in Paris bleiben, sondern nach Konstantinopel zurückkehren, zumal seine Mutter erkrankt war. Vor seiner Abreise sicherte er sich aber durch ein weiteres Gutachten wegen des ärztlicherseits geforderten Verbleibs seines Onkels in der Anstalt von Ivry ab. Es wurde von den uns schon bekannten Ärzten Dr. Calmeil, Dr. Ricord und Dr. Moreau de Tours erstattet. Einstimmig rieten auch diese drei Ärzte von einer Reise nach Bergamo ab. Zur Begründung ihrer ablehnenden Haltung machten sie geltend, daß selbst die bestgefederte Kutsche ein gefährliches Hin- und Herschaukeln von Donizettis Kopf, der durch die Lähmung der Hals- und Nackenmuskulatur ständig vorn auf die Brust falle, nicht verhindern könne. (Auf einer Photographie, die Donizetti zusammen mit Andrea im Sommer 1847 zeigt, ist der auf die Brust gefallene Kopf gut zu sehen). Weiter ist in dem Gutachten vermerkt, daß bei dem Kranken jederzeit eine Harnverhaltung auftreten könne, die eine Katheterisierung der Harnblase erfordere. Dieses Argument ist nicht zu übersehen, da bei Donizetti als Folge der Taboparalyse sicher Funktionsstörungen der Harnblase vorhanden waren. Bei einer Harnverhaltung kann es schnell zu einer aufsteigenden Harnwegsinfektion kommen, die ohne Antibiotikabehandlung nicht selten tödlich ausgeht.

Anfang September 1846 reiste Andrea von Paris ab. Donizetti blieb allein mit seinem Diener Pourcelot in Ivry zurück. Dr. Moreau de Tours erlaubte aber ausdrücklich Besuche seiner Freunde, da er den Eindruck hatte, sie würden sich günstig auf den Patienten auswirken. (Das steht im Gegensatz zum Verhalten des kranken Schumann, den Besuche, wie mehrfach bezeugt ist, oft unruhig und sogar aggressiv machten). Es liegen einige Berichte von Besuchern vor, so von Baron Eduard de Lannoy, der Ende Januar 1847 in Ivry war, oder von Lorenzo Monterasi, der Donizetti Mitte März dort aufsuchte. Ähnlich wie zuvor Ghezzi und Vaselli äußerte von Lannoy im Anschluß an seinen Besuch in einem Brief an Giuseppe, daß der inzwischen gänzlich hilflose und pflegebedürftige Bruder für seine letzten Tage nach Paris in die Freiheit gebracht werden solle, wo er es im Kreise seiner Freunde »tausendmal besser« habe als in Ivry, obwohl er dort rein körperlich optimal gepflegt würde. Monterasi schildert in einem Schreiben an seine Schwester anschaulich die Hilflosigkeit Donizettis, der den ganzen Tag mit geschlossenen Augen, auf die Brust gefallenem Kopf, ohne ein Wort zu sagen, im Sessel sitze. Man müsse ihn wie ein kleines Kind füttern, »das Einzige, was in Ordnung ist», schreibt er, »ist sein Magen.« Donizetti konnte, wenn man ihn fütterte, Unmengen essen und vertrug es auch.

De Lannoys Bericht war mit ausschlaggebend dafür, daß Giuseppe erneut seinen Sohn nach Paris schickte, um zu versuchen, Donizetti aus Ivry herauszuholen und möglichst nach Italien zu bringen. Als Andrea seinen Onkel Ende April 1847 in Ivry wiedersah, war er erschüttert über dessen Verfall in der kurzen Zeit seiner Abwesenheit. Am Ende eines Briefes an Antonio Dolci schrieb er: »...sein Leben ist, kurz gesagt, schlimmer als der Tod.«

Andrea nahm von neuem den Kampf mit dem Polizeipräfekten von Paris auf, um seinen Onkel zunächst wenigstens aus der Anstalt zu befreien. Er schrieb Brief auf Brief an Delessert und wurde selbst auf der Präfektur vorstellig. Endlich gestattete man die Rückkehr Donizettis nach Paris unter der Bedingung, daß ihm ständig ein Pfleger beigegeben würde. Das war kein Problem, weil sein Diener Pourcelot schon seit Monaten mit der Pflege vertraut war. So kehrte Donizetti nach fast 17 Monaten der Isolierung in der Anstalt von Ivry nach Paris zurück, wo man für ihn in der Nähe der Champs Elysées eine Wohnung gemietet hatte. Dort dämmerte er, ebenso wie zuvor in Ivry, mit geschlossenen Augen, den Kopf auf die Brust gesunken, stumm in seinem Sessel dahin. Einzig die vegetativen Funktionen wie Essen, Verdauen und Schlafen waren erhalten geblieben.

Währenddessen gingen die Bemühungen, Donizetti nach Bergamo zu bringen, weiter. Im August 1847 schaltete Giuseppe den österreichischen Botschafter in Konstantinopel ein, der über Wien die Ausreisegenehmigung zu erreichen suchte. Gleichzeitig veranlaßte Andrea eine neuerliche ärztliche Begutachtung, die diesmal nicht weniger als sechs angesehene Ärzte gemeinsam vornahmen. Neben Andral, Calmeil, Mitivié und Rostan gehörten Auguste François Chomel (1788-1858) und Giovanni Antonio Lorenzo Fossati (1786-1874) zu den Gutachtern. Chomel, besonderer Kenner der Paralyse, war ein angesehener Arzt und Wissenschaftler, außerdem Mitherausgeber verschiedener Fachbücher und Fachzeitschriften. Fossati, Italiener, lebte seit 1837 in Paris. Er galt ebenfalls als renommierter Arzt, zu dessen Spezialgebiet die Phrenologie (Schädellehre) gehörte. Schon am 4. August hatte er in einem Gutachten über seinen »alten Freund Donizetti« die Diagnose einer generalisierten Paralyse bestätigt und dabei die vegetativen Funktionen als gut bezeichnet. Die Frage der Reisefähigkeit hatte er positiv beantwortet, sofern entsprechende Vorsichtsmaßnahmen getroffen würden. Niemand könne natürlich, führte er aus, garantieren, ob Donizetti die Reise überstehen werde, aber das Ende stehe ohnehin bevor. »Wenn es mein Bruder wäre,« so Fossati, »würde ich nicht zögern, ihn mitzunehmen....«

Das am 17. August nachmittags abgehaltene Konsilium der sechs Ärzte endete nach langer Debatte wahrhaft demokratisch. Fossati, Chomel, Rostan und Mitivié erklärten Donizetti für reisefähig, Andral und Calmeil sprachen sich dagegen aus. Weniger demokratisch war anschließend das Verhalten des Polizeipräfekten und seines Vertrauensarztes: Béhier erschien persönlich in der Wohnung Donizettis, um Andrea »in despotischer Manier« mitzuteilen, daß die Ausreise nach Italien nicht gestattet werde. Auch hierfür sind die Gründe bis heute nicht geklärt. Andrea zog daraufhin drei versierte Pariser Anwälte zu Rate. Wohl auch in Verbindung mit den Schritten des österreichischen Botschafters in Konstantinopel drohte die Angelegenheit in ein Politikum umzuschlagen. Man erinnerte nämlich Delessert jetzt daran, daß Donizetti Österreicher sei und als solcher nicht in Frankreich festgehalten werden dürfe. Als entsprechende Instruktionen aus Wien bei der österreichischen Botschaft in Paris eintrafen, gab Delessert schnell nach, da er internationale Verwicklungen befürchtete, und über Nacht standen der Ausreise nach Italien keine Bedenken mehr im Weg. Am 17. September 1847 konnte Donizetti, begleitet von seinem Bruder Francesco, von Andrea, dem Arzt Dr. Rendu und seinem Diener Pourcelot Paris verlassen. Der Weg führte zunächst mit der Eisenbahn nach Brüssel, von dort in zwei Kutschen über Deutschland und die Schweiz nach Bergamo, wo man am 6. Oktober wohlbehalten eintraf. Donizettis Zustand war während der Reise unverändert geblieben. In Bergamo ließ man es sich nicht nehmen, den Maestro durch eine Abordnung, mit dem Bürgermeister an der Spitze, zu begrüßen.

Abb. 9 Der Palazzo Basoni in Bergamo, in dem Donizetti seine letzten Lebensmonate verbrachte.
Photographie.

Abb. 10 Donizettis Bett und der Armsessel mit der eigens für ihn konstruierten Kopfstütze im Palazzo Basoni, Bergamo. Photographie.

Letzte Monate

Wie vorgesehen, fand Donizetti Unterkunft im Palazzo Basoni, wo man ihn in den schönsten Zimmern unterbrachte. Man hatte eigens für ihn einen Sessel konstruieren lassen, der mit gepolsterten Stützen für seinen Kopf und seine Arme versehen war. Am 10. Oktober gaben Rosa Basoni und ihre Tochter Giovannina eine schriftliche Erklärung über die Gründe ab, warum sie Donizetti bei sich aufgenommen hätten. Sie vermerkten darin, daß er bei seinen Besuchen in Bergamo stets in ihrem Palast abgestiegen sei, daß ihn dort alle Dienstboten kennen würden und daß er an keinem anderen Ort gleich gut untergebracht werden könne. Am 11. Oktober erfolgte eine Begutachtung durch Dr. Cassis, Dr. Calvetti und Dr. Rendu, der sich am 14. Oktober eine weitere durch die drei Ärzte Dr. Calvetti, Dr. Zendrini und Dr. Longaretti anschloß. Sinn der beiden Gutachten war es, zu dokumentieren, daß Donizetti keiner speziellen ärztlichen Behandlung mehr bedürfe, sondern bei dem Finalstadium seiner Krankheit nur noch eine persönliche Pflege unter guten hygienischen Bedingungen sinnvoll sei. Außerdem wollte man nochmals Donizettis Geschäftsuntüchtigkeit dokumentieren. Die in den Gutachten geäußerten Ansichten sind auch vom heutigen Standpunkt aus als vernünftig und den Umständen angemessen anzusehen. Das verdient deswegen Aufmerksamkeit, da es auch damals Besserwisser gab, die meinten, Donizetti werde nicht optimal behandelt und befinde sich in den Händen von Provinzärzten.

Fast vier Monate hindurch war Donizettis Zustand nun ziemlich gleichbleibend. Tagsüber saß er unbeweglich in seinem Sessel, zur Nacht wurde er ins Bett gebracht. Im Februar 1848 änderte sich das Krankheitsbild, als plötzlich Fieber auftrat, am ehesten als Folge einer aufsteigenden Harnwegsinfektion. Möglich ist auch eine fieberhafte Bronchitis, da

Donizetti unter Hustenanfällen litt, die aber auch durch häufiges Verschlucken bedingt sein konnten. Man behandelte in üblicher Weise mit Abführmitteln, darunter einem Tamarinden-Dekokt und Acqua di Lauro Ceraso (Lorbeerwasser). Der Patient überwand zwar die fieberhafte Erkrankung, sein Zustand erfuhr dadurch jedoch eine weitere Reduktion. Ende März zog Dolci nochmals zwei Mailänder Ärzte, Dr. Filippi und Dr. Piantanida, als Konsiliarien hinzu. Sie konnten aber nur resigniert das nahende Ende bestätigen. Anfang April trat eine spastische Lähmung der rechten Körperhälfte nach Art eines Schlaganfalles ein. Dolci schreibt entsprechend in einem Brief an Giuseppe, daß es zu einem »ernsten Schlaganfall« gekommen sei. Dann meldete sich das Fieber wieder, dem man mittels Anlegen von Blutegeln und Senfpackungen begegnen wollte. Inzwischen konnte Donizetti kaum mehr Nahrung zu sich nehmen, da es zu spastischen Kontraktionen der Kiefermuskeln gekommen war, auch die allgemeinen Krampfanfälle wurden zusehends häufiger. Am 4. April war der Zustand so lebensbedrohlich, daß man einen Geistlichen holte, der über Nacht bei dem Sterbenden blieb. Aber erst am 7. April fiel Donizetti in eine totale Agonie und verstarb am 8. April 1848 nachmittags um 17.30 Uhr. Die politischen Unruhen des Jahres 1848 bedingten es, daß sein Tod in Europa nicht die gleiche Aufmerksamkeit wie in friedlichen Zeiten erweckte. Die Beerdigung in Bergamo am 11. April glich dagegen einem Volksfest, zu dem, neben drei Musikkapellen und Hunderten von Fackelträgern, die Zivilgarde mit Musketen aufmarschiert war.

Obduktionsprotokoll

Auch bei Donizetti sah man eine Obduktion seines Leichnams als selbstverständlich an. Um die Gefühle der Baronin Basoni und ihrer Tochter zu schonen, nahm man sie jedoch nicht, wie üblich, im Sterbehaus vor, sondern begab sich dazu im Anschluß an die Beisetzungsfeierlichkeiten, die von 10 Uhr morgens bis 14 Uhr dauerten, in einen Werkzeugschuppen des Friedhofs. Die Obduktion begann um 14.30 Uhr und war um 17 Uhr beendet. Aus den zugänglichen Quellen geht nicht ganz klar hervor, ob man dazu den bereits ins Grab gesenkten Sarg wieder heben ließ oder die Feierlichkeiten vor der Grablegung beendet hatte. Neben zwei Obduzenten waren bei der Leichenöffnung sechs weitere Ärzte als Zeugen zugegen, die im Anschluß daran das Protokoll mitunterzeichneten. Es waren Dr. Girolami Novati, der Direktor des Hospitals von Bergamo, Dr. Francesco Cima, der dortige Gefängnisarzt, der Stadtphysikus Dr. Andrea Zendrini, sowie die Doktoren Febo Ronzoni, Giovanni Cassis und Luigi Calvetti als behandelnde Ärzte Donizettis. Als Obduzenten sind im Protokoll Dr. Giovanni Locatelli und Dr. Federico Maironi angeführt. Das Wichtigste daraus sei mitgeteilt:

Donizettis Körper war extrem abgemagert. Die dem Gehörgang und »Genie« zugeordneten Bereiche des Schädels glaubte man sehr stark entwickelt zu sehen. Das entsprach selbstverständlich nicht der Realität, da es für außergewöhnliche Begabungen oder gar den »Geniebegriff« keine anatomischen Entsprechungen des Gehirns oder Schädels gibt. Man war jedoch von der Lehre Galls derart besessen, daß man bei genialen Menschen derartige Veränderungen mit Bestimmtheit wahrzunehmen meinte. Interessant sind die Angaben über das Gehirngewicht, das mit 1391 Gramm als normal bezeichnet wurde. So entbrannten bei Donizetti auch keine Diskussionen über das Vorliegen einer Hirnatrophie wie später bei Schumann, dessen Hirngewicht vom Obduzenten als unter der Norm liegend angesehen worden war, was sich aber später nicht bestätigen ließ. Ein wesentlicher bei Donizetti beschriebener Befund dürfte die entzündliche Infiltration der weichen Hirnhaut (Pia mater) und deren Verklebung mit der Oberfläche des Gehirns gewesen sein, außerdem die Erweiterung der Hirnventrikel. Am wichtigsten ist der Befund einer entzündlichen Infiltration der harten Hirnhaut (Dura mater), die vom 5. Rückenwirbel bis zum 2. Lendenwirbel reichte. Diese pathologischen Veränderungen lassen sich als Ausdruck einer diffusen chronischen Entzündung der weichen und harten Hirnhäute deuten und sind gut vereinbar mit der Diagnose einer Spätsyphilis, die das Gehirn und das Rückenmark befallen hatte. Die übrigen Organe, vor allem Lungen, Herz, Leber und Milz, wurden als normal befunden.

Bei den mitgeteilten Befunden muß man allerdings berücksichtigen, daß sie nur makroskopisch, also mit dem bloßen Auge, erhoben wurden. Verwertbare mikroskopische Untersuchungsmethoden standen noch nicht zur Verfügung. In Verbindung mit der charakteristischen klinischen Symptomatik von Donizettis Leiden kommt ihnen aber Bedeutung zu. Doch hierüber mehr am Ende des Kapitels. Zuvor einige Worte über den weiteren Weg, den die sterblichen Überreste Donizettis nahmen. Man beließ sie nicht im ursprünglichen Grab auf dem Friedhof, sondern verbrachte sie 27 Jahre später, im September 1875, in die Kirche Santa Maria Maggiore zu Bergamo. Dort hatte der Bildhauer Vincenzo Velz auf Veranlassung von Francesco und Giuseppe Donizetti ein prunkvolles Grabmal geschaffen. Bei der Exhumierung entdeckte man, daß die Calotte (Schädeldach, das bei der Obduktion abgesägt wird) des Schädels fehlte. Man begann sofort eine eingehende Suche danach, die auch bald Erfolg hatte: Ein gewisser Dr. Gerolamo Carchen, österreichischer Militärarzt und Leiter einer Irrenanstalt in Astino, nahe Bergamo, hatte die Calotte bei der Obduktion an sich genommen. Danach dürften außer den acht Ärzten, die das Protokoll unterschrieben hatten, noch weitere der Leichenöffnung zugesehen haben. Ungeklärt bleibt, ob Carchen die Calotte unter der Hand zum Andenken mitgenommen oder ob man sie ihm offiziell übergeben hatte. Jedenfalls bereitete es keine Schwierigkeiten, die Calotte aus dem Nachlaß des inzwischen verstorbenen Carchen zu erhalten. Sie paßte genau auf den übrigen Schädel, zu dem sie aber keineswegs ins Grabmal in der Santa Maria Maggiore beigefügt wurde. Über Jahrzehnte hindurch bewahrte man sie in einer Vitrine im Museo Donizettiano in Bergamo auf, wo man sie besichtigen konnte. Im Laufe der Zeit kamen jedoch Zweifel daran auf, ob das der richtige Aufbewahrungsort sei. 1951 entschied der Stadtrat von Bergamo, daß die Calotte dem übrigenSkelett Donizettis in der Santa Maria Maggiore beigefügt werden solle. Am 26. Juli 1951 öffnete man nochmals das Grab, und im Rahmen einer kleinen Zeremonie legte der 83jährige Donizetti-Biograph Guido Zavadini die Calotte zu den übrigen Gebeinen. So wurden Donizettis sterbliche Überreste, drei Jahre vor denen Haydns, endgültig zusammengefügt und zur Ruhe gebettet.

Donizettis Krankheit

Im Kapitel über Robert Schumann (Band I) und Franz Schubert wurden schon die verschiedenartigen Folgen einer syphilitischen Infektion in ihrer ganzen Vielfalt dargelegt. Sie seien hier im Hinblick auf die Späterscheinungen nochmals zusammengefaßt, denn bei Donizetti haben wir das klassische Bild einer Spätsyphilis — auch quartäres Stadium genannt — mit allen seinen verheerenden Auswirkun-

Abb 11. Guido Zavadini legt im Jahre 1951 die Schädelcalotte zu den übrigen Gebeinen Donizettis.
Photographie.

Abb. 12 Der Grabstein Donizettis auf dem Friedhof von Bergamo. Photographie.

gen vor uns. Zuvor war bei ihm die Erkrankung fast drei Jahrzehnte überwiegend latent geblieben und hatte sich, soweit ein Urteil darüber möglich ist, nur in den »gewöhnlichen Fieberanfällen« bemerkbar gemacht. Von den häßlichen Hautausschlägen, wie Schubert sie hatte, war Donizetti offenbar bewahrt geblieben. Schumanns Krankheitsbild verlief von vorneherein weniger charakteristisch, da bei ihm andere psychiatrische Symptome lange im Vordergrund standen. Die Diskussion über die Art seiner Erkrankungen wird deswegen wohl auch nie erlöschen. Daran ändert auch die Auffindung des Obduktionsprotokolls nichts, das erst 1986 in vollem Wortlaut veröffentlicht wurde.*

Führen wir uns nochmals die zahlreichen Variationen, die die Syphilis in ihrem Verlauf nehmen kann, vor Augen. Zu Beginn der Primäraffekt, mit den lokalen, oft geschwürigen Hautveränderungen, die so minimal sein können, daß der Erkrankte ihnen kaum Aufmerksamkeit schenkt. Daneben vorübergehende Allgemeinerscheinungen mit Kopfschmerzen und Fieber, wie man das bei jedem grippalen Infekt findet. Dann das zweite Stadium mit den jetzt ausgedehnteren, in ihrer Lokalisation und Art ganz unterschiedichen Hautausschlägen, die sich spontan zurückbilden und den Kranken in falscher Sicherheit wiegen. Erst einige Jahre später das dritte Stadium, wieder mit Hauterscheinungen, Befallensein der Blutgefäße, der inneren Organe und des Gehirns. Die Symptome ziehen sich wiederum über Jahre hin, kommen und gehen, bis endlich als letztes Stadium die progressive Paralyse und eine Tabes dor-

* Dem Verfasser standen 1984 bei der Niederschrift des Schumann-Kapitels nur Auszüge des Obduktionsprotokolls zur Verfügung. Sie enthielten aber, wie die Veröffentlichung des gesamten Protokolls (Zentralblatt für allgemeine Pathologie und pathologische Anatomie 132, 129-136, 1986) zeigte, alle wesentlichen Befunde, weswegen sich keine neuen Gesichtspunkte bei der Beurteilung von Schumanns Krankheit ergeben.

salis manifest werden. Besonders heimtückisch ist es, daß die geschilderten Symptome des zweiten und dritten Stadiums derart diskret sein können, daß sich der Kranke, der inzwischen kaum noch ansteckend ist, nicht mehr an seine Infektion vor Jahren oder Jahrzehnten erinnert, wenn sich die ersten Zeichen der Taboparalyse einstellen. Nun stehen Erscheinungen seitens des Gehirns (progressive Paralyse) und des Rückenmarks (Tabes dorsalis) ganz im Vordergrund. Hauptsymptome der progressiven Paralyse sind geistiger Verfall (Demenz) und Verblödung. Am Ende sitzt der Patient stumpf und teilnahmslos da und gibt unartikulierte Laute von sich. Oft ist eine triebhafte Gefräßigkeit vorhanden, die aber nicht zur Fettsucht führt. Der Kranke magert weiter ab, bis er buchstäblich nur noch aus Haut und Knochen besteht, was als Kachexie oder Marasmus bezeichnet wird.

Diesem Endstadium gehen jahrelange Vorzeichen voran wie Kopfschmerzen, Schlaflosigkeit, depressive Verstimmungen, plötzliche Sprachstörungen, Krampfanfälle und zunehmende Unkontrolliertheit (auch in sexueller Hinsicht), mit Verlust des Taktgefühls, Vernachlässigung der Kleidung etc. Parallel mit der Paralyse entwickelt sich die Tabes, deren Symptome sich danach richten, welche Teile des Rückenmarks (im Bereich der Hals-, Brust-, oder Lendenwirbelsäule) in Mitleidenschaft gezogen sind. So kommt es zu Lähmungen der oberen, häufiger der unteren Körperhälfte. Frühsymptome sind Gangunsicherheit und Störungen der Blasenfunktion. Später treten spastische und schlaffe Lähmungen auf; Lähmungen der Augenmuskulatur und eine Zerstörung des Sehnerven führen zur Blindheit. Wiederum ist es ein variationsreiches Bild ohne Gesetzmäßigkeiten. Akute Schmerzzustände (tabische Krisen) vervollständigen das furchtbare Leiden. Heute sieht man derartige, man kann schon sagen grauenhafte Krankheitsbilder nur noch selten, die Wunderwaffe Penicillin hat die Menschheit von der Geißel der syphilitischen Spätfolgen weitgehend befreit. Noch um die Jahrhundertwende war das anders; die größte Gruppe der Patienten in den »Irrenanstalten« bestand aus Paralytikern.

Kehren wir zu Donizetti zurück. Man findet bei ihm eigentlich alle Symptome einer progressiven Paralyse und Tabes dorsalis, also der »Taboparalyse«. Die zwei Dutzend Ärzte, die ihn untersucht haben, waren sich auch stets darüber einig, daß bei ihm eine progressive Paralyse vorlag. Der Begriff Tabes dorsalis wird zwar bei den Diagnosen noch nicht verwandt, aber nicht umsonst sprechen die Ärzte im Gutachten vom 7. April 1846 von einer »Doppelerkrankung«, also von einer Taboparalyse im heutigen Sinn. Man kannte damals den Erreger der Syphilis, das Treponema pallidum (früher Spirochäta pallida genannt) noch nicht, die Neurologie, die Lehre von den Erkrankungen des Nervensystems, hatte aber zu Beginn des letzten Jahrhunderts einen enormen Aufschwung genommen. So war man in den vierziger Jahren sehr wohl in der Lage, die syphilitische Paralyse aufgrund ihrer klinischen Symptome als eigenständiges Krankheitsbild abzugrenzen. Auch der Name »Tabes dorsalis« war geläufig, er wurde aber noch nicht ausschließlich mit der Spätsyphilis in Verbindung gebracht. Das geschah erst nach der Mitte des letzten Jahrhunderts. Der mehrfach erwähnte Calmeil hat für die Erkennung der progressiven Paralyse medizingeschichtliche Bedeutung.. Aber auch die Mehrzahl der anderen Ärzte, die Donizetti in Paris untersucht, begutachtet oder behandelt haben, waren führende Kapazitäten auf dem Gebiet der Nerven- und Geisteskrankheiten. Die meisten von ihnen sind im »Biographischen Lexikon der hervorragenden Ärzte aller Zeiten und Völker« aufgeführt. Der Komponist war somit sicher in den besten ärztlichen Händen. Es gibt wohl wenige bedeutende Persönlichkeiten der Weltgeschichte, über die derartig viele Gutachten von qualifizierten Ärzten verfaßt worden sind.

Die Erkennung einer Krankheit bedeutet auch heute längst nicht immer, daß damit eine erfolgreiche Behandlung verbunden ist. Die Diagnose bildet nur die Voraussetzung entsprechender Möglichkeiten, die aber mit ihrer Verwirklichung Jahrzehnte, ja Jahrhunderte auf sich warten lassen können. So standen denn auch die Ärzte therapeutisch hilflos an Donizettis Krankenlager. Sie waren in alten Vorstellungen befangen und suchten die »krankmachende Materie« mittels Blutegeln, Schröpfköpfen, Abführmitteln und Aderlässen aus dem Körper zu schaffen. Heute wissen wir, daß man mit derartigen Maßnahmen eine Krankheit nur verschlimmert.

Donizetti siechte fast drei Jahre dahin, ehe ihn endlich der Tod erlöste. Wenig später ereilte zwei weitere Komponisten dasselbe Schicksal: Bedřich Smetana (1824-1884) und Hugo Wolf (1860-1903). Sie und Donizetti könnten heutzutage gerettet werden. Penicillin oder ein anderes Antibiotikum über mehrere Tage früh genug verabreicht, und der »Seitensprung« wäre vergessen. Aber hätten Donizetti, Smetana und Wolf, wenn sie erst jetzt gelebt hätten, auch unsterbliche Werke geschrieben? Eine Frage, die sich nie beantworten lassen wird.

Literatur

Alborghetti, F., Galli, M.: Gaetano Donizetti e G. Simone Mayr, Notizie e documenti. Bergamo 1875

Ashbrook, W.: Donizetti. London 1965.

Boigne, Ch. de: Petits Mémoires de l'opéra. Paris 1857.

Cappelli, G.: La Calotta cranica di Donizetti. In: Archivio italiano per le malattie nervose e più particolamente per le alienazioni mentali, Orga-

no della Società freniatrica italiana 1887.
Caversazzi, C.: Gaetano Donizetti. La Casa dove nacque, La Famiglia, L'Inizio della malattia. Bergamo 1924.
Escudier, L.: Mes Souvenirs. Paris 1863.
Gabrielli, A.: Gaetano Donizetti. Rom und Turin 1904.
Gavazzeni, G.: Gaetano Donizetti. Vita e Musiche. Milano 1937.
Kessler, G.: »Ich brauche jemanden, der mich versteht.« Gaetano Donizetti. Sein Leben und sein Werk. In: Opernwelt 1976, Heft III-XI, (8 Fortsetzungen).
Oliario, T.: La malattia ed i medici di Gaetano Donizetti. Minerva Medica 29, Nr. 41, 4-30, 1938.
Schlitzer, F.: L'ultima pagina della vita di Gaetano Donizetti. Quaderni dell'Accademia Chigiana 28, Siena 1953.
Steiner-Isenmann, R.: Gaetano Donizetti. Sein Leben und seine Opern. Bern und Stuttgart 1982.
Verzino, E. C.: Contributo ad una biografia di Gaetano Donizetti. Bergamo 1896.
Weinstock, H.: Donizetti and the world of opera in Italy, Paris and Vienna. New York 1963.
Zavadini, G.: Gaetano Donizetti. Vicende della sua vita artistica e Catalogo delle Musiche su Documenti inediti. Bergamo 1941.

Johannes Brahms

(1833-1897)

Einleitung

Johannes Brahms wurde schon zu seinen Lebzeiten wie ein Fürst geehrt, und alles, was mit ihm und seiner Persönlichkeit zusammenhing, fand Interesse. Er selbst war sich seines Wertes und seiner Bedeutung als Komponist in der Musikgeschichte durchaus bewußt und reagierte empfindlich, wenn man ihm nicht die gebührende Anerkennung zollte. Aber er war ein ausgesprochener Befürworter der Trennung von Leben und Werk eines Menschen. Nur das Werk sollte gelten, die persönliche Biographie dagegen Privatsache bleiben. Er stand damit im Gegensatz zu der Auffassung seiner zahlreichen Freunde und Bekannten, die mit ihm einen Persönlichkeitskult trieben, der über den von Beethoven bekannten hinausging. Jede seiner Äußerungen, alles was er tat, wurde sorgsam registriert, um es für die Nachwelt zu bewahren. Brahms selbst suchte sich dem meistens zu entziehen, floh vor Besuchern und Schaulustigen und ging seinem ungebundenen, später schrulligen Eigenleben nach. Das war für seine Umgebung aber nur Anlaß, den Reliquienkult zu steigern. Es grenzte fast an Perversion, wenn man sogar Stühle bekränzte, auf denen er gesessen hatte.

Brahms selbst huldigte einer anderen Art von Personenkult. Er sammelte leidenschaftlich Handschriften bedeutender Menschen, wobei ihm Musikmanuskripte berühmter Komponisten am meisten galten. So war er Besitzer von

Originalpartituten einiger Haydnscher Streichquartette oder gar der Originalpartitur der großen g-moll-Sinfonie von Mozart. In diese Art Reliquienkult schloß er seine eigenen Kompositionen mit ein. Hatte eine davon die endgültige Fassung erlangt, verschenkte er das Autograph gerne als Andenken, davon ausgehend, daß der Beschenkte es als unantastbares Kleinod bewahrte. Seinem engen Freund, dem großen Chirurgen Theodor Billroth (1829-1894) hat er es nie verziehen, daß er eine Notenzeile aus dem ihm gewidmeten Autograph des Streichquartetts in a-moll herausschnitt, um sie in seinem Sprechzimmer aufzuhängen. Das trug zur gegenseitigen Entfremdung der beiden wesentlich bei.

Durch den Kult um Brahms sind wir biographisch über ihn aufs beste unterrichtet. Verwunderlich ist aber, daß es bis heute über ihn noch keine ausführliche Pathographie von kompetenter ärztlicher Seite gibt. In der 1983 von Siegfried Kross herausgegebenen Brahms-Bibliographie, die über 2200 Literaturstellen umfaßt, ist nur eine kurze qualifizierte pathographische Arbeit von O. H. Kahler aus dem Jahr 1980 zu finden. Dabei liegen penible und ausführliche Tagebuchaufzeichnungen über Brahms' letztes Lebensjahr aus der Hand seiner Freunde Max Kalbeck und Richard Heuberger vor, die den Verlauf seines tödlichen Leidens anschaulich dokumentierten. Aus medizinischer Sicht haben sie bis heute keine entsprechende Auswertung gefunden. Das mangelnde pathographische Interesse mag vielleicht damit zusammenhängen, daß Brahms während seines ganzen Lebens zuvor fast immer gesund war. Seine letzte Krankheit zog sich jedoch über ein Jahr lang hin, sie war quälend und entstellte ihn zunehmend, ehe er ihr, noch keine 64 Jahre, erlag.

Die ausführlichen, von Laienhand niedergeschriebenen Dokumentationen über Brahms' Leiden fordern, in Verbindung mit den weit spärlicheren überlieferten ärztlichen Äußerungen, zu einer zusammenfassenden pathographischen Studie geradezu heraus. Dabei stehen weniger differentialdiagnostische Erwägungen im Vordergrund als die Darlegung des Krankheitsverlaufs, die Einschätzung der Behandlungsmöglichkeiten im Vergleich zur Jetztzeit und die psychologische Seite des Umgangs mit dem todgeweihten Brahms.

Eine gesunde und robuste Natur

Brahms brüstete sich bis zu seinem 63. Lebensjahr immer wieder, niemals krank gewesen zu sein, kein einziges Mal einen Arzt konsultiert und keine Arzneien eingenommen zu haben. So ganz stimmt das jedoch nicht, denn Kalbeck erwähnt in seiner vierbändigen Brahms-Biographie immerhin einige, allerdings weniger schwerwiegende akute Erkrankungen. Davon abgesehen hatte Brahms jedoch als Junge im Alter von 10 Jahren einen lebensgefährlichen Unfall. Er wurde auf dem Schulweg von einer Pferdedroschke überfahren, wobei ein Rad über seine Brust rollte. Er soll deswegen sechs Wochen ernstlich darniedergelegen haben. Näheres darüber wissen wir nicht. Ansonsten verlief seine Jugend ohne Krankheiten von Belang, vor allem scheint er vor den gefürchteten Kinderkrankheiten bewahrt geblieben zu sein, was damals, zumal bei Kindern aus ärmlichen Verhältnissen, zu denen Brahms gehörte, eine Seltenheit war. Brahms wird als blasses und zartes Kind beschrieben; das ist aber nicht mit mangelnder Robustheit gleichzusetzen, denn robust war er, was daraus hervorgeht, daß er schon mit 13 Jahren in den Hamburger Kneipen nächtelang zum Tanz aufspielte. Es machte ihm weder körperlich noch psychisch das geringste aus. Das ungesunde und zwielichtige Milieu der Kaschemmen, in denen er auftrat, ließ ihn unbeeinflußt.

An einem angeborenen Defekt litt Brahms immerhin: er war überaus kurzsichtig und mußte zum Lesen von Jugend an eine Brille tragen. Später hatte er einen Kneifer an einer schwarzen Schnur um den Hals hängen, den er bei Bedarf aufsetzte. Einmal gefragt, ob er beim Dirigieren eine Brille benötige, soll er entgegnet haben: »Ja, mein Bester, wenn in der Partitur steht, hier ziehen Frauen vorbei, dann setz ich den Kneifer natürlich sofort auf.« (Das Vorbeiziehen der Frauen bezog sich auf Schumanns Faustszenen.) Der Ausspruch ist bezeichnend für Brahms' Liebe zum weiblichen Geschlecht, die ihn, den Junggesellen, nie verließ.

Von Heuberger, der im Juli 1895 ausführlich darüber mit ihm sprach, erfahren wir Näheres über Brahms' Kurzsichtigkeit. Danach hatten seine Brillengläser seit der Jugend die Stärken −5 bis −6, womit offenbar Dioptrien gemeint sind. Das bestätigt Brahms' Aussagen, daß er ohne Brille Leute auf den Straßen nur nach den allgemeinen Umrissen erkennen könne. »Gesichter sehe ich nie, und daher präge ich mir auch schlecht eines ein«, sagte er. Selbst bei einer Brillenstärke von −6, so meinte er weiter, sehe er nicht scharf genug und »lese nur mühsam vom Blatt«. Trotzdem konnte er sich nicht entschließen, ständig eine Brille zu tragen, wie es ihm die Augenärzte empfohlen hatten. »Ich trage sie nur im Bedarfsfall und befinde mich sehr wohl dabei«, meinte er.

Als Brahms mit zwanzig Jahren Hamburg verließ, begann sein unstetes Leben, das eines »Vagabunden«, wie er es selbst nannte, und das er bis zu seinem Lebensende beibehielt. Den Auftakt dazu bildete eine gemeinsame Konzertreise mit dem ungarischen Geiger Eduard Remenyi, die jedoch bald mit einem Zerwürfnis endete. Daraufhin knüpfte er engere Verbindung mit dem zwei Jahre älteren Violinvirtuosen Joseph Joachim (1831-1907) an, zu dem er einige Monate nach Göttingen ging. Es war der Beginn einer jener Freundschaften, die der Musikgeschichte ihren Stempel

Abb. 1 Brahms als Sänger,
Pfingsten 1896 in Bad Honnef im Anschluß an die Beerdigung von Clara Schumann (man beachte den Kneifer).
Unveröffentlichte Photographie aus Privatbesitz.

aufdrückten. Im September 1853 reiste Brahms ins Rheinland, mit dem Ziel Düsseldorf, wo er Robert Schumann besuchen wollte. Im letzten Kapitel des ersten Bands haben wir darüber berichtet. Schumann war von Brahms' Kompositionen derart beeindruckt, daß er jenen berühmten und scharfsichtigen Artikel in der »Neuen Zeitschrift für Musik« schrieb, worin er ihn als *den* kommenden Komponisten feierte. In Düsseldorf nahm auch Brahms' Liebe zu der 16 Jahre älteren Clara Schumann ihren Anfang. Die Bekanntschaft veranlaßte ihn, seinen Düsseldorfer Aufenthalt auszudehnen und, nachdem Robert Schumann in die Endenicher Heilanstalt eingeliefert worden war, eine weitere Verlängerung vorzunehmen. In seiner jugendlichen Liebe zu Clara wurde er eine Art Mädchen für alles, tröstete sie mit Musizieren, half bei der Versorgung der Kinder und besuchte regelmäßig den kranken Schumann in Endenich. Clara selbst hatten die Ärzte die Besuche untersagt, um damit ihren Ehemann nicht zu beunruhigen.

Brahms' unstetes Leben nahm seinen Fortgang, als er sich 1857 für drei Jahre als Chordirigent an den Fürstenhof von Detmold verpflichtete. Seine Tätigkeit dort war jedoch auf die Wintermonate beschränkt. Im Sommer hielt er sich vorwiegend in Hamburg auf, wo er einen Damenchor gründete. Damals verliebte er sich ernstlich in Agathe von Sieboldt, verlobte sich mit ihr und dachte sogar daran, sie zu heiraten. Aber es kam nicht dazu, sondern blieb nur die erste der »Fastbindungen« in seinem Leben. Vor der Konsequenz einer Ehe schreckte er immer zurück, sie vertrug sich nicht mit seiner Natur. Dabei umschwärmte und verehrte er sein Leben lang schöne Frauen und machte gerne äußere Umstände dafür verantwortlich, daß er Junggeselle blieb. In Wirklichkeit ist das Zurückschrecken vor jeder Bindung aber für ihn charakteristisch und trägt, wenn man so will, deutliche psychopathologische Züge. Brahms behauptete einige Ma-

Abb. 2 Brahms um 1856.
Photographie.

le, er sei mehr als einmal nahe daran gewesen, sich zu verheiraten. So erzählte er, er sei mit einer jungen Dame bereits derart eng liiert gewesen, daß man schon die Verlobungsfeier angesetzt habe. Das junge Paar wurde allein in den Park des Hauses geschickt, um sich dort den Verlobungskuß zu geben. Als man jedoch in den Park kam, um die Feierlichkeiten zu beginnen, saß die »Verlobte« weinend auf einer Bank, während Brahms im Dunkeln entflohen war.

In Detmold hielt es Brahms nicht länger als drei Winter. Er kehrte zunächst wieder nach Hamburg zurück, siedelte aber 1862 nach Wien über, wo er die Leitung der Wiener Singakademie übernahm. Diese Stellung gab er jedoch wegen verschiedener Reibereien und Mißerfolge schon nach einem Jahr wieder auf und wurde, wie er es selbst ausdrückte, »der Unbehauste, Unbeweibte, Unbeamtete, der unnütze Mensch.« Einmal unternahm er allerdings nochmals den Versuch einer beruflichen Bindung, als er 1872 die Stelle des artistischen Direktors der »Gesellschaft der Musikfreunde« in Wien antrat. Immerhin hielt er dieses Amt drei Jahre inne, ehe er es verdrossen niederlegte, um sich frei von allen übrigen Verpflichtungen ganz dem Komponieren, Dirigieren und Auftreten als Konzertpianist zu widmen. Er war nun viel auf Konzertreisen, wobei er die Sommermonate möglichst aussparte, um sie in ländlicher Umgebung, wie in Bad Ischl oder am Thuner See zu verbringen. Er liebte das Alleinsein und die Ruhe zum Komponieren, bedurfte aber ebenso eines Freundeskreises, der ihn interessierte. Vor sonstigen Besuchern floh er dagegen. Als weltweit gefeiertem Komponisten stellten ihm die Touristen — besonders die ihm verhaßten Engländer — zeitweilig derart nach, daß er seine Sommerresidenzen wechselte. Finanziell durch den Ertrag seiner Kompositionen längst abgesichert, kümmerte er sich wenig um geldliche Dinge, er überließ das seinem Verleger Simrock.

Abb. 3 Brahms 1874.
Photographie.

Abb. 4 Das Haus am Thuner See,
in dem Brahms häufiger die Sommermonate verbrachte.

Abb. 5 Elisabeth von Herzogenberg.
Photographie

Brahms' unbändiger Unabhängigkeitsdrang und seine Freiheitsliebe äußerten sich auch in seinen alltäglichen Lebensgewohnheiten. So achtete er wenig auf seine Garderobe — damals erheblich gravierender im gesellschaftlichen Umgang als heute —, auch wenn er in den höchsten Kreisen verkehrte. Er vergaß beispielsweise oft eine Krawatte umzubinden oder kam in alten, ihm liebgewordenen geflickten Überröcken und Hosen, auch wenn die übrigen Gäste festlich gekleidet waren. Man ästimierte das bei ihm; die Zeiten hatten sich seit Haydn und Mozart geändert. Die Fürsten huldigten dem Genie und nicht mehr das Genie den Fürsten. In Meiningen durfte er sich, nur um ihn an die fürstliche Tafel zu ziehen, ohne jede Hofetikette so verhalten, wie es ihm behagte. Dabei vermied man auch peinlich jede Andeutung darüber, daß er »aus kleinen Verhältnissen« stammte.

Die eigentliche tiefgehende Liebe des Brahms der mittleren Jahre gehörte nicht mehr Clara Schumann, von der er sich immer mehr entfremdet hatte. Es gab Streitigkeiten, wofür er »die Weiber um sie herum« verantwortlich machte. Elisabeth von Herzogenberg, Sängerin und Ehefrau des Komponisten Heinrich von Herzogenberg, war es, die er förmlich anbetete, die aber für ihn unerreichbar blieb. Als sie später kränklich und korpulenter wurde, distanzierte er sich jedoch von ihr, da ihm alles Krankhafte zuwider war. Brahms aß gerne gut, vertrug alles und war ein Freund ausgesuchter Weine, denen er ziemlich zusprach. Auch rauchte er nicht nur gute Zigarren, sondern drehte sich unablässig Zigaretten.

Als Brahms während des Sommeraufenthalts in Bad Ischl 1880 von einem Tubenkatarrh, der mit einer Beeinträchtigung des Hörvermögens einherging, befallen wurde, geriet er in panische Angst. Er meinte, taub wie Beethoven zu werden und reiste sofort nach Wien. Dort erwartete ihn sein Freund Billroth schon am Bahnhof, um mit ihm sogleich zu einem Ohrenspezialisten zu gehen. Das Gerücht, der »Meister« sei an einem schweren Ohrenleiden erkrankt, durchlief noch die Presse, als er längst wieder, von seinem Katarrh befreit, ausgedehnte Spaziergänge in Ischl unternahm. Wandern gehörte von Jugend an zu Brahms' Leidenschaften. Daneben hat er aber auch mehrere Hochgebirgstouren unternommen; 1886 bestieg er noch, obwohl inzwischen sehr dick geworden, den fast 2400 Meter hohen Niesen in der Gegend von Thun (es gab damals noch keine Seilbahnen, die den Wanderer erst einmal in die rechte Höhe zum Anmarsch brachten.) Danach setzte ihm seine Korpulenz für derartige Anstrengungen Grenzen.

Von dem Ohrenkatarrh abgesehen, dauerte Brahms' ungetrübtes und ungezwungenes Leben bis Ende Dezember 1889. Dann allerdings erkrankte er ernstlicher an einer Influenza, die, wie sich Kalbeck erinnert, damals in Wien grassierte. Sie soll sich allgemein anfangs nur in einem Schnupfen geäußert haben, dann aber oft schnell in eine Lungenentzündung, die tödlich enden konnte, übergegangen sein. Wahrscheinlich hat es sich dabei um eine der auch heute noch gefürchteten Grippeepidemien gehandelt. Kalbeck traf Brahms bei einem Besuch im »hitzigsten Fieber« an. Als er einen Arzt rufen wollte, wies das der Patient ebenso energisch von sich wie den Gedanken an die Einnahme einer Arznei oder gar an das Einhalten einer Diät. »So«, schalt ihn Kalbeck, »dann wird es Ihnen ergehen, wie vor hundert Jahren Mozart« und erzählte ihm, daß er gerade in einer alten Musikzeitung von 1791 eine Notiz gefunden habe, Mozart sei an einer »bösen Influenza, die in Wien viele Opfer forderte«, gestorben. (Zu dieser aufschlußreichen Bemerkung siehe auch das Kapitel Mozart). Brahms wurde durch die »Influenza« zwar nicht bettlägerig, aber er fühlte sich, nachdem ein leichtes Rezidiv aufgetreten war, noch wochenlang

Abb. 6 Theodor Billroth (1829-1894).

Abb. 7 Johannes Brahms in den achtziger Jahren. Photographie.

körperlich angegriffen. Danach könnte die »Influenza« bei ihm zu einer umschriebenen Lungenentzündung oder Rippenfellentzündung (Pleuritis) geführt haben, da die Erholungszeit so lange dauerte. Ähnlich wie bei dem Tubenkatarrh von 1880 hielten sich langlebige Gerüchte über seine Erkrankung. Das ging soweit, daß Brahms im Sommer von Bad Ischl aus ein Dementi in die Presse bringen ließ.

Inzwischen näherte sich Brahms den Sechzigern; den Vollbart hatte er sich nach dem 50. Geburtstag wachsen lassen. Seine bedeutendsten Werke waren geschaffen, und er meinte, es sei an der Zeit, mit dem Komponieren aufzuhören, da man sich doch nur wiederhole. Eingehalten hat er diesen Vorsatz jedoch nicht, denn er schuf noch einige Kammermusikwerke und Lieder, aber seine Kreativität war erheblich zurückgegangen. Der Tod Theodor Billroths (1894) bildete für ihn ein einschneidendes Ereignis. Die Freundschaft zwischen Brahms und dieser herausragenden Arztpersönlichkeit ist vielfach dokumentiert worden. Billroth führte geradezu ein Doppelleben zwischen Operationssaal und leidenschaftlicher Hingabe an die Kunst und die Musik. Wie viele der Brahms'schen Werke erlebten allein in seinem Haus ihre Uraufführung! Es gehört zu Brahms' Charakter, daß selbst diese Freundschaft, wie so manche andere, nicht ungetrübt blieb. Es waren letzten Endes Kleinigkeiten, wie das schon erwähnte Herausschneiden der Notenzeile, weswegen sich die beiden im Anschluß an eine schwere Erkrankung Billroths 1887 (wahrscheinlich eine Lungenentzündung) entfremdeten. Brahms führte es vornehmlich auf eine krankheitsbedingte Wesensveränderung Billroths zurück, Billroth seinerseits machte dafür die immer schrofferen Umgangsformen seines Freundes verantwortlich. Als überlegene Geister empfanden sie aber, auch als das Verhältnis distanzierter wurde, füreinander die höchste Achtung. Ähnliches gilt übrigens für die Beziehungen zu Clara

Abb. 8 Brahms als Dirigent 1894.
Zeichnung von W. Beckerath.

Schumann, deren Begräbnis, Ende Mai 1896, scheinbarer Ausgangspunkt für Brahms' tödliche Erkrankung wurde.

Tödliche Krankheit 1896-1897

An seinem 63. Geburtstag, es war der 7. Mai 1896, äußerte Brahms während eines Gesprächs mit Hanslick, Dr. Fellinger und Kalbeck nachdenklich: » Man sollte sich doch einmal im Jahre einer ärztlichen Untersuchung aussetzen. Ich bin zwar nie in meinem Leben krank gewesen, aber wenn man alt wird, kann man nie wissen was los ist.« Kalbeck bemerkt dazu, Brahms habe seine Influenza anscheinend bereits vergessen gehabt und das ziemlich unsicher gesagt, als ob er seiner Gesundheit, mit der er immer geprahlt hatte, doch nicht recht traue. Das ist richtig beobachtet, denn die Bemerkung war nicht unbegründet und auch nicht darauf zurückzuführen, daß Clara Schumann Ende März ihren ersten Schlaganfall erlitten hatte (sie war immerhin fast 77 Jahre alt). In Wirklichkeit muß Brahms die ersten Anzeichen seiner tödlichen Krankheit gespürt haben. In Verbindung mit dem kurz darauf eintretenden Ikterus (Gelbsucht) läßt sich sicher sagen, daß er bereits ein schwerkranker Mann war, als er am 24. Mai die strapaziöse Reise nach Bonn zur Beerdigung Claras unternahm. Er selbst machte später, wie man das häufig in solchen Fällen findet, die Anstrengungen der Bahnfahrt ursächlich für seine Erkrankung verantwortlich. Er war dabei vom 22. nachmittags bis zum 24. morgens 5 Uhr ununterbrochen unterwegs gewesen, einmal, weil er eine Umsteigestation verschlafen hatte, zum anderen, weil er nicht, wie ursprünglich vorgesehen, nach Frankfurt, sondern nach Bonn weiterreisen mußte, da man Clara dorthin überführt hatte. Im Anschluß an die Beisetzungsfeierlichkeiten hielt er sich für einige Tage auf dem Landsitz der Familie Beckerath, dem »Hager Hof« bei Honnef am Rhein, auf, wo man im engsten Kreis viel musizierte.

Am 1. Juni war Brahms wieder in Ischl. Dort besuchte ihn am 5. Juni Heuberger, der in sein Tagebuch notierte (Zitate aus: Richard Heuberger. Erinnerungen an Johannes Brahms. Tagebuchnotizen aus den Jahren 1875-1897. Erstmalig vollständig herausgegeben von Kurt Hofmann. 2. Auflage Tutzing 1976, Verlag Hans Schneider): »Brahms kam mir heute etwas anders, nämlich weit magerer vor. Er war tatsächlich auffallend schlanker geworden. Als ich ihm gegenüber eine derartige Bemerkung machte, sagte er: ›Das ist Unsinn! Ich bin immer gleich dick, trage immer dieselben Kleider. Sie bilden sich das nur ein‹ .« Heuberger hatte jedoch nur allzu richtig beobachtet. Am 15. Juni hielt sich Brahms zur silbernen Hochzeit von Dr. Fellinger (Generaldirektor bei Siemens; er hatte eigens in Brahms' Wohnung elektrisches Licht installieren lassen) in Wien auf, wobei allgemein seine veränderte, »leise ins Gelblich-Graue spielende« Gesichtsfarbe auffiel. Nach Ischl zurückgekehrt, verstärkte sich die Gelbsucht. Man wagte es aber zunächst nicht, ihn darüber aufzuklären, da ihm selbst, der sich angeblich nie im Spiegel besah, die Gelbfärbung nicht aufgefallen war. Ob das der Wirklichkeit entspricht, ist allein deswegen schwer zu beurteilen, weil gleichzeitig andere für ihn nicht zu übersehende Symptome aufgetreten sein müssen; doch darüber später. Endlich faßte sich Heuberger, als er Brahms am 7. Juli in Ischl besuchte, ein Herz und sprach ihn direkt auf seine Gelbfärbung an, die inzwischen ganz erheblich gewesen sein muß. Gefragt, ob er nicht irgendwelche Beschwerden habe, teilte ihm Brahms denn auch »einige Unregelmäßigkeiten« mit, über die sich Heuberger im einzelnen wohl aus Gründen der Diskretion nicht äußert. Als er Brahms zum Arzt zu gehen empfahl, blieb dieser, so Heuberger, »den Hut in der Hand und mich mit merkwürdigem Blick ansehend, wie angewurzelt stehen: ›Ich bin kein Hy-

Abb. 9 Brahms in Bad Honnef Pfingsten 1896
im Gespräch mit Dr. G. Ophüls. Im Hintergrund Bram Eldering.
Photographie aus Privatbesitz.

Abb. 10 Richard Heuberger (1850-1914).

pochonder, beobachte mich gar nicht. Kein Mensch hat mir gesagt, daß er mich verändert findet. Ich danke Ihnen herzlich. Sie wissen,ich mag mit den Ärzten nichts zu tun haben, aber wenn es was ernstliches ist, so heißt's dazu schauen. Aber es ist ärgerlich...die paar Jahre die man noch zu leben hat...und zum Arzt (!) gehen!‹ Er beruhigte sich erst, als ich ihm der Wahrheit gemäß sagte, daß ich selbst einmal die Gelbsucht gehabt hätte und daß ich wieder ganz gesund geworden wäre. Doch solle er lieber mit einem tüchtigen Arzt reden. Vielleicht könne ihn eine kurze Kur in Karlsbad wieder herstellen. Ich empfahl ihm Dr. Hertzka (den renommierten Direktor einer Kaltwasserheilanstalt in Ischl), falls er nicht lieber Professor Schrötter aus Wien konsultieren wollte, der in Rinnbach bei Ebensee im Sommer wohnte.«

Im Juli besuchte Ludwig Karpath Brahms in Ischl. Er fand ihn »niedergeschlagen und ungehalten über die verhaßte, gelbe Farbe, die sein Gesicht und seinen Körper bedeckte.« Karpath hatte damals schon das Gefühl, daß er »den Anfang einer Tragödie miterlebe«. Nach der Unterredung mit Heuberger suchte Brahms Dr. Hertzka auf, der eine »Gelbsucht« (im Volksmund Bezeichnung für eine Leberentzündung, damals »Icterus catarrhalis« genannt) diagnostizierte und lediglich das Einhalten einer Diät mit dem Meiden scharfer Gewürze empfahl. Als Heuberger am 29. Juli wieder nach Ischl kam, fand er Brahms »sehr gelb« und weiter abgemagert vor. »Seine Haut ist faltig, die Fettschichten sind offenbar sehr zurückgegangen« schreibt er.

Dr. Hertzka war sich der Diagnose eines einfachen »Icterus catarrhalis« wohl von Anfang an nicht sicher, denn er zog bald als Konsiliarius den genannten Prof. Schrötter hinzu. Leopold von Schrötter (1837 - 1908) war seit 1881 Primarius für die gesamte Innere Medizin im Wiener allgemeinen Krankenhaus. Er galt als hervorragender Diagnostiker. Seine Spezialgebiete waren Herz-, Lungen- und Kehlkopfkrankheiten. Ausschlaggebend für die Besorgnis Hertzkas dürfte der Tastbefund der Leber gewesen sein. Sie war nicht nur stark vergrößert, sondern auch verhärtet, was nicht zu einem Icterus catarrhalis paßte. Mit dem Auftauchen Schrötters beginnt das große, acht Monate andauernde Versteckspiel mit Brahms, bei dem man ihm nicht die Wahrheit sagte, sondern ihn immer wieder über die Unheilbarkeit seines Leidens hinwegtäuschte. Schon Schrötters Besuch in Ischl fingierte man als rein zufällig, obwohl er nur Brahms wegen nach dort gekommen war. Diesem hatte man gesagt, Schrötter sei ohnehin zu einem Krankenbesuch am kaiserlichen Hof in Ischl und könne bei der Gelegenheit auch gleich einen Blick auf ihn werfen.

Auf Grund des Tastbefunds an der Leber erkannte Schrötter sofort die wahre Situation, die entweder einer fortgeschrittenen Metastasenleber (Tochtergeschwülste) bei einem Primärtumor in einem anderen Organ oder aber einem primären Leberkrebs entsprach. Er ließ sich aber keinen Augenblick sein Todesurteil, das er während der Untersuchung fällte, anmerken, sondern sprach von einer »Gelbsucht, nicht weiter von Belang.« Karlsbad könne zwar nicht schaden, müsse aber nicht sein, nur eine Diät müsse gehalten werden. Brahms war dadurch zunächst beruhigt. Am 2. August, dem Tag der Untersuchung, schrieb er Heuberger: »Höchst vergnügt mache ich Ihnen die pflichtschuldige Mitteilung, daß Dr. Schrötter eben da war, mich auf das Gründlichste untersuchte und den Ausspruch getan hat: nach Karlsbad zu gehen oder überhaupt eine stärkere Kur zu gebrauchen, läge nicht der geringste Anlaß vor.« Heuberger, der Brahms' Erkrankung für schwerwiegend hielt, fand die Äußerung Schrötters gänzlich unverständlich, bis er ihn am 9. September in Wien traf und er auf entsprechende Fragen äußerte: »Armer Kerl, armer Kerl, für Brahms' Krankheit gibts kein Karlsbad, es ist ganz egal, wo er sein Geld ausgibt.«

Zunächst blieb Brahms in Ischl, wo ihn am 28. August Heuberger nochmals aufsuchte und notierte: »Er sah schrecklich elend aus. Der lange weiße Bart, das dürre Gesicht, die gelben Augen, die schlotternde magere Gestalt, auf der die Kleider hingen wie an einem Kleiderbügel, gaben ein klägliches Bild.« Da der Zustand sich zusehends verschlimmerte, dachte man an ein gemeinsames Konsilium von Dr. Hertzka und Prof. Schrötter, was Brahms sich aber verbat. Zuletzt war Heuberger am 30. August in Ischl. Der Besuch ist deswegen bemerkenswert, weil dabei Brahms' Schwanken zwischen Hoffnung und Angst eindrucksvoll zu Tage trat. Er kam Heuberger schon an der Tür entgegen und rief: »Das ist mir recht, daß Sie der Erste sind, dem ichs sagen kann: Ich bin gerettet.« »Überglücklich«, so Heuberger, »teilte er mir einige günstige Symptome mit.« Welcher Art sie waren, darüber schweigt sich Heuberger auch diesmal aus. Im letzten Kapitel wird darauf noch einzugehen sein. Weiter erklärte Brahms: »Jetzt schlafe ich wieder wie ein Sack! Na, Gott sei Dank, daß ich meinen Schlaf wieder habe! Wenn nur die Doktoren nicht wieder intrigieren.«

Am 31. August kehrte Brahms nach Wien zurück, wo er den Internisten Professor Toelg konsultierte, der seinen Zustand ihm gegenüber zwar für ernst, aber nicht für unheilbar erklärte. Schon am 3. September fuhr Brahms in Begleitung von Dr. Fellinger nach Karlsbad weiter. Dort suchte er sofort den Kurarzt Dr. Grünberger auf, der ihm pro forma das Trinken von zwei Bechern »Schloßbrunnen« täglich verschrieb. Grünberger war über den aussichtlosen Zustand unterrichtet worden. Sein Schreiben vom 24. September an Hanslick, der ihn um Auskunft gebeten hatte, läßt an Eindeutigkeit nichts zu wünschen übrig. »Nach wiederholter genauer Untersuchung«, teilt er ihm mit, »und durch volle drei Wochen fortgesetzter Beobachtung des Patienten ergab sich als Resultat das Vorhandensein einer bedeutenden

Schwellung der Leber mit vollständigem Verschluß der Gallengänge.« Obwohl eine Neubildung (Krebs) der Leber nicht direkt nachzuweisen sei, könne er nicht umhin, den »Zustand als einen recht ernsten« zu bezeichnen.

Inzwischen wußten alle Freunde und Bekannten um Brahms' hoffnungslosen Zustand, nur er selbst kannte die Wahrheit nicht, oder wollte sie nicht wahrhaben. Er klammerte sich an jede fromme Lüge, warf ihn betreffende Bemerkungen auf die Waagschale und beobachtete ängstlich das Verhalten jedes einzelnen ihm gegenüber. Er lebte in einem ständigen Auf und Ab zwischen Aufgeräumtheit und tiefen Depressionen. Erstaunlich ist dabei, wie er sich trotz des kontinuierlichen körperlichen Verfalls aufrecht hielt. Er ging regelmäßig spazieren, obwohl seine Schwäche zunahm, besuchte Theater und Konzerte und ließ sich fast täglich zum Essen einladen. Sein Appetit war noch gut, und Schmerzen hatte er keine, was er oft betonte. Nur schwach und müde fühlte er sich, dazu quälte ihn ein generalisierter Juckreiz.

Bevor Brahms am 2. Oktober nach Wien zurückkehrte, untersuchte ihn auch »zufällig« der zu seinen Freunden zählende Utrechter Physiologieprofessor Theodor Wilhelm Engelmann (1843 - 1909), der ebenfalls den Verdacht auf das Vorliegen einer bösartigen Erkrankung äußerte. Man hatte seine Reise nach Karlsbad dahingehend deklariert, daß er »aus Berufsgründen« ohnehin gerade in Österreich sei. Beim Wiedersehen in Wien hatten selbst Brahms' engste Freunde Mühe, ihr Entsetzen zu verbergen. Kalbeck traf ihn am 5. Oktober und schreibt darüber: »Wäre ich auf seinen Anblick nicht vorbereitet gewesen, ich hätte ihm meinen heftigen Schreck nicht verbergen können. Sein Aussehen war jammervoll. Die Kleider hingen ihm vom Leibe und schlotterten um Arme und Beine. Sein stattlicher Körper war ganz zusammengefallen, und das olympische Haupt sank müde vornüber. Das Gesicht hatte einen völlig veränderten strengen und finsteren Ausdruck und war von dunkler, schwärzlich gelber Farbe. Auch das Weiße des Auges, das wie tot ins Leere starrte, war zitronengelb, der Glanz seines klaren, seelenvollen, herzlichen Blickes erloschen.« Brahms raunte ihm leise zu: »Ich bin doch wohl sehr krank, die Ärzte können zwar nichts finden, aber es macht mich stutzig, daß ich immer mehr von Kräften komme. Ich habe einen wahren Heißhunger, aber Essen und Trinken schlägt mir nicht an. Fortwährende Unterleibsbeschwerden, fast gar keinen Schlaf und beständiges Jucken der Haut.«

Ähnlich erging es Richard Specht, der seinen Eindruck so umreißt: »Man hatte mich darauf vorbereitet, daß er sehr verändert und elend aussehe und hatte mir eingeschärft, mir ja nichts anmerken zu lassen, weil Brahms mit äußerstem Mißtrauen den Eindruck beobachte, den er auf Menschen machte, denen er lange nicht begegnet war; auch überfalle er einen gern mit Fragen, aus deren unüberlegter Beantwortung er Schlüsse auf seinen wahren Zustand ziehen wollte. Ich ließ es mir gesagt sein; aber als ich ihm das erstemal wieder gegenüberstand, konnte ich mein Entsetzen nur mit Mühe verheimlichen. Er war kaum wiederzuerkennen; niemals habe ich innerhalb einer so kurzen Zeit eine derartige Verwüstung eines Menschen erlebt. Die mächtige stämmige Gestalt war greisenhaft eingeschrumpft, das Gesicht gelbbraun, die Haut wie Leder, die wundervoll blau leuchtenden Augen stumpf und quittengelb, die Haare schütter und trocken, die Hände kalt und hart.«

Therapeutisch unternahm man kaum mehr etwas, Brahms hielt sich ohnehin nicht an entsprechende Vorschriften; um überhaupt etwas zu tun, hatte man ihm schwarzen Kaffee und Kognak verboten, was nur dazu führte, daß er seinen Tischnachbarn »Glas und Tee« wegnahm, um darauf nicht verzichten zu müssen. Ab Mitte Oktober übernahm Dr. Fröschl, Hausarzt der Familie Fellinger, Brahms' Behandlung. Er ließ Blut- und Harnuntersuchungen durchführen, die aber nichts Bedenkliches ergaben. Er traute den Ergebnissen bei dem sich ständig verschlechternden Zustand des Patienten aber nicht. Dabei muß man berücksichtigen, daß es sich nicht um empfindliche Blut- und Harnuntersuchungen im heutigen Sinn handelte, die gab es noch nicht. Man konnte lediglich einige primitive und unzuverlässige Laboratoriumsproben vornehmen. Auch eine Operation wurde jetzt erwogen, für die sich besonders Prof. Toelg aussprach, solange »es noch Zeit sei«. Aus welchen Gründen man der Operationsfrage nicht weiter nachging, bleibt offen. Möglicherweise lehnte Brahms von vorneherein den Gedanken an eine Operation ab. Sie lag zwar, allein schon zur diagnostischen Klärung, ob wirklich ein Krebs vorliege, durchaus im Bereich der Möglichkeit, war aber weit gefährlicher und für den Patienten viel eingreifender als heute.

Ende Oktober schien es vorübergehend so, als ob es Brahms besser ginge; der Eindruck war jedoch trügerisch. In Wirklichkeit nahm Brahms kontinuierlich weiter an Gewicht ab. Seine Wirtin, Frau Truxa, bei der er in Untermiete wohnte, kam deswegen auf die schon als fatal zu bezeichnende Idee, heimlich seine Kleider enger machen zu lassen. Tatsächlich ließ er sich dadurch täuschen und glaubte an eine echte Gewichtszunahme, »er merke es deutlich« behauptete er.

Wegen der Schlaflosigkeit hatte Dr. Fröschl abends eine halbe Flasche Champagner verordnet, die Brahms fleißig trank. Mangel an derartigen »Arzneien« hatte er ohnehin nicht, denn er wurde von allen Seiten mit Getränken und Delikatessen versorgt. Den Champagner z. B. hatte Simrock gestiftet, Beckeraths und Dr. Schnitzler schickten vom

Rhein die besten Weine.

Brahms' Stimmung bewegte sich zunehmend in Extremen. So konnte er einerseits lustig, ja ausgelassen, sein und Späße und Witze erzählen; andererseits überfielen ihn die tiefsten Depressionen, und er wurde grob und bissig. An einem Tag behauptete er, er befinde sich sehr wohl, am nächsten dagegen, es gehe ihm täglich schlechter. Anfang Dezember stürzte er über die Schutzeisen bei den Rasenplätzen auf der Wiener Ringstraße und schlug sich die Nase blutig. Er gab es erst einige Tage später zu, zuvor durfte man ihn danach nicht fragen, da er »alles krumm« nahm. Am 7. Dezember erklärte Brahms Frau Heuberger: »Wenn Sie wüßten, wie elend mir ist«; dann soll er aber wieder Witze gemacht haben. Seine Gesichtsfarbe wird nun als »fast efeugrün« beschrieben.

Während der Herbstwochen erhielt Brahms 24 »elektrische« und 18 »Jodbäder«, die ihn so anstrengten, daß er sie wieder aufgab. Dazu trank er Mineralwässer verschiedener Heilbäder als »Brunnenkuren«, und Dr. Fröschl massierte ihn regelmäßig. Man war sich jedoch einig darüber, daß die genannten Behandlungsmaßnahmen nur dazu dienten, dem Kranken das Gefühl zu verleihen, daß etwas für ihn getan werde.

Weihnachten verbrachte Brahms, von allen Seiten reichlich beschenkt, bei Fellingers. Am 31. Dezember erlebte er noch die Aufführung seines G-Dur-Quintetts unter Joachims Führung vom Künstlerzimmer aus. Als man im Saal von Brahms' Anwesenheit erfuhr, brach ein derartiger Beifallssturm los, daß er sich nach langem Zögern auf dem Podium zeigte. Ein wahrer Tumult soll losgebrochen sein »zwischen Jauchzen und Hochrufen, von Schluchzen und Weinen untermischt«, als die Gestalt »wie ein dem Grabe Erstiegener sich vor der ergriffenen Menge zeigte.« Anschließend ließ es sich Brahms nicht nehmen, im kleinen

Abb. 11 Joseph Joachim (1831-1907).
Photographie.

Kreis bis nachts um 2 Uhr zu feiern. Als Heuberger ihn am 9. Januar traf, klagte er neben Rücken- und Kreuzschmerzen auch über zunehmende Schmerzen in den Kniegelenken, die er auf das Massieren zurückführte. Mitte Januar ging in Wien bereits das Gerücht um, er liege im Sterben, obwohl er noch nicht bettlägerig war. Zu Max Friedländer, der ihn mit einer Italienreise im Frühjahr aufzumuntern versuchte, äußerte er: »Ich werde nächstens eine weitere antreten.« Er hielt jetzt auch wegen seiner Schwäche die üblichen Spaziergangszeiten nicht mehr ein.

Ende Januar wurde nochmals die Frage einer Operation diskutiert. Man sprach davon, daß große Gallensteine den Gallengang verlegt haben könnten. Der Vorschlag zur Operation ging offenbar von dem Billrothschüler und Schwiegersohn Engelmanns, Prof. Albert Narath (1864 - 1924) aus. Er war Ordinarius für Chirurgie in Utrecht und hatte Brahms bei einem Besuch in Wien untersucht. Man ließ den Gedanken aber bald wieder fallen, wahrscheinlich weil eine Operation bei Brahms' desolaten Zustand viel zu gefährlich erschien. Auch dürften die behandelnden Ärzte Gallengangssteine als Ursache des Ikterus nur differentialdiagnostisch erwogen haben, denn die inzwischen monströs vergrößerte, derbe und höckrige Leber sprach nicht für diese Diagnose.

Während der ersten Februarhälfte fühlte sich Brahms über einige Tage subjektiv etwas besser. Kalbeck schildert ihn in seinen Tagebuchnotizen am 28. Januar als »in sehr gereizter Stimmung«, am 2. Februar als »munterer« und »über eine Menge von Schnurren lachend.« Am 9. Februar fand er ihn sehr aufgeräumt, gesprächig und mitteilsam, am 14. Februar »unverwüstlich in komischen Geschichten, daß man den Ernst seines Leidens hätte bezweifeln können.« Andererseits sagte Brahms am 12. Februar zu Heuberger: » Ich merke, daß ich immer matter werde und mein Zustand sich immer mehr verschlechtert. Aber das Essen und Trinken schmeckt mir und so lange das geht, esse und trinke ich fort [Brahms ließ schon längere Zeit alle diätetischen Vorschriften außer acht].Sehe ich daß es nicht mehr geht, dann wandere ich ins Rudolfinerhaus [von Billroth gegründetes Wiener Spital zur Heranbildung von Krankenpflegerinnen].« Und zu Kalbeck äußerte er in einer melancholischen Anwandlung, indem er auf den alten Friedhof in der Nähe von dessen Haus deutete: »Oh wenn ich dort läge.«

Am 16. Februar mußte sich Brahms nach einem Besuch bei Millers, die nicht weit entfernt von ihm wohnten, deren Equipage ausleihen, um nach Hause zu kommen. Er ließ sich jetzt auch »recht gern in den ersten Stock« in seine Wohnung tragen, wozu man sogenannte Sesselträger bestellte. Am folgenden Tag wachte Brahms morgens mit einem »schiefen Gesicht« auf. Kalbeck, der ihn am 18. Februar sah, umreißt die Veränderung: »Mund und Auge sind verzogen, und er kann keine Hautmuskel bewegen«. Heuberger beschreibt sie am 21. Februar: »So arg hatte ich es mir jedoch nicht vorgestellt. Sein Mund hing schlaff weit nach rechts herab. Die ganze linke Gesichtshälfte ist starr, das Auge eigentümlich unbeweglich, das Sprechen ist ihm erschwert.« Der behandelnde Arzt, inzwischen war es Dr. Breuer, Hausarzt des Pianisten Ignaz Brüll (1846 - 1896), hatte ihm gesagt, es handle sich um einen Gesichtsrheumatismus, hielt es aber für einen leichten Schlaganfall. Am 2. März konnte Brahms noch eine Stunde im Prater spazierengehen; man ließ aber zur Sicherheit die Equipage Millers neben ihm herfahren. Am 7. März notierte Kalbeck, daß Brahms' Gesichtsmuskeln wieder beweglich geworden seien und dieser an eine Genesung glaube. Er wohnte nochmals einem philharmonischen Konzert unter der Leitung von Hans Richter bei und zeigte sich an der Brüstung der Loge »wie ein Geist aus der Versenkung.« Es war sein letzter Konzertbesuch, der die

Zuhörer in einen noch größeren Begeisterungstaumel versetzt haben soll als am 2. Januar.

Inzwischen hatte Brahms auch den Appetit verloren und »ass und trank nur zum Scheine.« In welch elender Verfassung er war und über den Eindruck, den er auf unvoreingenommene Menschen machte, die sich nicht im Laufe der Monate an seinen Anblick mit der grünen Hautverfärbung, dem verfallenen Gesicht und der nicht vollständig behobenen Gesichtslähmung gewöhnt hatten, schildert Kalbeck anschaulich anläßlich der Generalprobe eines Hauskonzerts bei Karl Wittgenstein am 21. März. »Sein Erscheinen wirkte auf die lebenslustige Gesellschaft wie der Eintritt des steinernen Gastes [aus Mozarts Don Giovanni]. Die im Musiksaal versammelten reizenden Mädchen und jungen Frauen stoben wie ein aufgescheuchter Schwarm von Tauben auseinander, als das dunkle verfallene Gesicht, dem der Stempel des Todes aufgedrückt war, in der Tür erschien.« Für die Rückkehr in seine Wohnung, die normalerweise zu Fuß zwei Minuten beanspruchte, benötigte Brahms eine volle Viertelstunde, wobei er sich vor Schwäche immer wieder an die Häuserwände lehnte.

Am 25. März traten starke Darmblutungen auf, die Brahms ans Bett fesselten. Trotz des akut lebensbedrohlichen Zustands spielte man weiter Versteck mit ihm. So hatte Dr. Breuer ihm, in Erwartung des Finalstadiums, schon einige Zeit zuvor gesagt, daß die Schwäche zwar immer größer werde, es sich dabei aber um eine Art Übergang zur Gesundung handle. Brahms soll daran geglaubt haben und behauptete ernsthaft, er habe sich nicht auf Anraten des Arztes hingelegt, sondern aus freien Stücken, um sich ein paar Tage auszuruhen und Kräfte zu sammeln. Sein Zustand hatte sich inzwischen derart verschlechtert, daß man zur Nacht eine Wärterin engagieren mußte. Er sträubte sich zunächst dagegen, als ihm aber Frau Truxa, die die Pflege schon die ganze

Zeit über innehatte, erklärte, dann müsse sie selbst bei ihm wachen, willigte er ein. Sie mußte ihn nun auch vor der Zudringlichkeit und Taktlosigkeit vieler Besucher, die ihn unbedingt noch einmal sehen wollten, schützen. Unterdessen war er moribund geworden und lag apathisch im Bett, war aber ansprechbar. Professor Engelmann schlug in einem Brief vom 30. März noch vor, ihm frisches Pankreasgewebe in Oblatenform zu verabreichen und einen »orchitischen Extrakt« zu spritzen, bei dem es sich um ein Konzentrat aus tierischem Hoden gehandelt haben dürfte. Man injizierte diese frühe Form der Frischzellen- bzw. Hormontherapie unter die Haut. Zur Anwendung kam das Präparat aber nicht mehr, da Brahms nach einer erneuten Darmblutung im Sterben lag.

Einem alten Brauch der Wiener Ärzte folgend, bei lebensbedrohlichen Krankheiten einen Konsiliarius beizuziehen, hatte man den berühmten Professor Carl W. H. Nothnagel (1841 - 1905) zu einem Konsil gebeten. Er hatte sich vor allem durch seine Publikationen über die Angina pectoris und über Gehirnerkrankungen einen Namen gemacht. Heuberger vermerkt zu dem Konsil zu Recht, daß »das Ganze jedoch nur wegen der Öffentlichkeit geschah und im Wesentlichen ganz gleichgültig war.« Für die Nacht vom 2. auf den 3. April bat Dr. Breuer seinen Sohn, Assistenzarzt an einer Wiener Klinik, bei Brahms zu bleiben, falls dieser Hilfe brauche. Er hielt sich im Nachbarzimmer auf, bis ihn Frau Truxa gegen Mitternacht herbeiholte, weil der Patient unruhig geworden war. Als Breuer ihn fragte, ob er Schmerzen habe, antwortete er, er fühle eine schmerzhafte Spannung im Leib. Breuer gab ihm daraufhin eine Morphiuminjektion. Gegen vier Uhr morgens wurde Brahms erneut unruhig und klagte über Durst, worauf Breuer ihm ein Glas Rheinwein einschenkte, das er mit den Worten »Ach das schmeckt schön« austrank. Um Viertel vor acht mußte

Abb. 12 Der Wiener Internist Professor Hermann Nothnagel (1841 - 1905). Photographie.

Breuer in die Klinik zurückkehren und erlebte so Brahms' letzte Stunde nicht mehr mit. Von Frau Truxa wird sie wie folgt geschildert: Gegen 8.30 Uhr sei sie an sein Bett getreten und habe ihn scheinbar schlafend gefunden. Er habe dann die Augen geöffnet und sie eine Weile stumm und traurig angesehen, während ihm die Tränen über die Wangen liefen, habe noch einmal tief Atem geholt und sei tot zurückgesunken. Später berichtete sie, Brahms habe sich aufzurichten versucht, noch etwas sagen wollen, aber nur gestöhnt, dann sei er unter ihrer Hand zurückgesunken, während große Tränen über seine eingefallenen Wangen rollten, und habe seinen letzten Atemzug getan. Verständlicherweise hat Frau Truxa den Augenblick des Sterbens wohl etwas ausgeschmückt. Fest steht, daß Brahms fast bis zum letzten Augenblick ansprechbar gewesen ist und nicht, wie man eher erwartet hätte, in einem Leberkoma starb.

Beisetzung

Brahms' Todeszeit wurde offiziell auf den 3. April 1897 morgens 8.30 Uhr festgesetzt. Am Nachmittag photographierte man ihn auf dem Totenbett, ließ durch Ludwig Michalek eine Bleistiftzeichnung anfertigen und nahm die Totenmaske ab. Der in seinen Angaben nicht immer zuverlässige Brahmsbiograph Richard Specht meinte, die Diagnose eines »Leberkrebses« sei durch eine sich anschließende Obduktion bestätigt worden, obwohl anderenorts, vor allem bei Kalbeck und Heuberger, nichts davon erwähnt ist. O. H. Kahler setzte sich deswegen 1981 mit der Gesellschaft der Musikfreunde in Wien, die das Begräbnis organisiert hatte und über die sämtliche Formalitäten abgewickelt wurden, in Verbindung. Er erhielt die Auskunft, daß eine Obduktion in den vorhandenen Unterlagen nirgendwo erwähnt sei. Entsprechend den Aufzeichnungen Kalbecks war der Sarg, in dem Brahms in seinem Sterbezimmer aufgebahrt war, bereits am 4. April geschlossen und verlötet worden, »da der Körper sehr rasch in Verwesung überging.« Letzteres dürfte mit der Bauchwassersucht im Zusammenhang stehen, die bei Brahms am Ende aufgetreten war. Sie wird nur einmal in dem ärztlichen Bericht von Dr. Breuer erwähnt, worin es heißt, daß der rapid fortschreitende Krankheitsverlauf »in immer intensiverer Gelbsucht, Nahrungsekel, Wassersucht immer schwerere Leiden brachte.«

Die Beisetzung auf dem Wiener Zentralfriedhof im Tonkünstlerrund, in der Nähe der Gräber Beethovens und Schuberts, gestaltete sich prunkvoll. Dem Trauerzug, im Auftrag der Gesellschaft der Musikfreunde von einem Bestattungsinstitut organisiert, ritt ein Standartenträger voraus, dem Laternenreiter folgten, die sechs mit Kränzen, Palmenzweigen und Sträußen beladene Blumenwagen begleiteten. Vor den Leichenwagen hatte man sechs Rappen gespannt, ihn selbst mit einer großen Lyra gekrönt. Zu beiden Seiten des Sargs schritten Diener mit Windlichtern. Dann folgten die Trauergäste, unter denen sich, neben solchen aus Wien, u. a. Abordnungen der Städte Amsterdam, Paris, Hamburg, Berlin, Budapest, Leipzig und Basel befanden. An berühmten Komponisten und Dirigenten waren zugegen Antonin Dvořák, Ferrucio Busoni, Arthur Nikisch, Joseph Hellmesberger, Emil Sauer und Richard Heuberger. Von den vielen Frauen, die Brahms geliebt und verehrt hatte, war allerdings nur noch die Sängerin Alice Barbi, die ihn in seinen letzten Jahren so begeistert hatte, unter den Teilnehmern.

Abb. 13 Die Totenmaske.
Photographie

Brahms' Erkrankung aus heutiger Sicht

Eingangs betonten wir, daß es im Rahmen der reichlichen Brahmsliteratur merkwürdigerweise keine einzige ausführliche pathographische Arbeit gibt und die Ursache dafür vielleicht darin zu suchen ist, daß er fast sein ganzes Leben hindurch gesund war. Schon deswegen bleibt wenig Spielraum für diagnostische Spekulationen wie etwa bei Mozart, Beethoven oder Schubert, und damit fällt ein beliebter pathographischer Aspekt weg. Es ist aber Hauptaufgabe des Pathographen, Krankengeschichte fachgerecht zu schildern, zu erläutern und in die Biographie einzufügen. Bei Brahms gilt das immerhin für das ganze letzte Jahr seines Lebens. Davon abgesehen handelt es sich bei der Bezeichnung »Leberkrebs« für sein Leiden um keine eigentliche Diagnose, sondern um einen Laienausdruck, der für eine ganze Reihe von Krebsarten herhalten muß, die nicht primär von der Leber ausgehen, sondern bei denen die Leber nur miterkrankt ist. Eine weitere Stellungnahme fordert auch der Krankheitsverlauf im Hinblick auf unsere jetzige Verhaltensweise und die Therapie bei derartigen Erkrankungen heraus. Könnten wir heute Brahms' Leben verlängern oder sein Leiden erträglicher gestalten als zu seiner Zeit? Wie würden wir uns psychologisch bei einem unheilbar Kranken, wie er einer war, verhalten? In den 90 Jahren seit Brahms' Tod hat die Medizin einen ungeahnten Aufschwung genommen, zu dem Brahms' Freund Theodor Billroth das Seine beitrug. Er war es, der die Chirurgie mit in neue Bahnen lenkte und sie auf ganz andere Grundlagen als zuvor stellte. Man brauchte sich nun nicht mehr auf die Versorgung von Wunden oder Knochenbrüchen zu beschränken, sondern die Eröffnung der Bauchhöhle, die an den mangelnden Kenntnissen über die Asepsis gescheitert war, eröffnete ganz neue Möglichkeiten.

Alle Ärzte, die Brahms behandelten, waren sich darüber einig, daß eine bösartige Geschwulst die Ursache seiner unaufhaltsam fortschreitenden Abmagerung und der fast ein Jahr dauernden intensiven Gelbsucht war. Einige davon, z.B. Dr. Grünberger, dachten anfangs differentialdiagnostisch auch an das Vorliegen einer Leberzirrhose, kamen davon aber bald wieder ab. Für Prof. Schrötter, den exzellenten Diagnostiker, bestand von vorneherein kein Zweifel an der Bösartigkeit des Leidens. Er hatte dafür seine Gründe: Den Tastbefund der Leber im Zusammenhang mit der anhaltenden und zunehmenden Gelbsucht. Bereits im Sommer 1896, als er Brahms untersuchte, war die Leber stark vergrößert und verhärtet. Ein derartiger Befund ist auch heute noch das wichtigste klinische Symptom für eine Geschwulstbildung in der Leber. Davon abzugrenzen ist die Leberzirrhose, vor allem dann, wenn sie mit einer starken bindegewebigen Regeneration und Knotenbildung einhergeht. Gegen das Vorliegen einer Leberzirrhose sprachen bei Brahms aber allein schon die ausgeprägte Gelbsucht in Verbindung mit dem quälenden Juckreiz, was charakteristisch für einen Gallengangsverschluß ist. Das wußte Schrötter damals genau. Es gibt zwar eine Form der Leberzirrhose, die sogenannte primäre biliäre Zirrhose, die ebenfalls durch starken Ikterus und Juckreiz gekennzeichnet ist, aber allein der Palpationsbefund und der Verlauf der Erkrankung sprechen gegen dieses seltene Leiden.

Aber wo haben wir den Ursprung der verkrebsten Leber bei Brahms zu suchen? Hier taucht eine andere, nicht mehr eindeutig zu klärende Frage auf. Nach den Symptomen und dem klinischen Verlauf ist es weniger wahrscheinlich, daß der Krebs primär von der Leber ausging, vielmehr ist anzunehmen, daß ein Nachbarorgan zuerst davon befallen war und er von dort aus auf die Leber übergegriffen hatte, also eine Metastasenleber vorlag. Folgendes spricht dafür: Die von Anfang an bestehende Gelbsucht mit Juckreiz, die nicht zu den Symptomen eines primären Leberkrebses, der im übrigen nicht häufig ist, gehört. Ein rascher Verschluß des großen Gallengangs findet sich dagegen oft bei Krebsen, die ihren Ursprung in der Bauchspeicheldrüse, und zwar in deren Kopfbereich, haben. Von dort aus breitet sich der Tumor in die Leber aus. Eine andere Möglichkeit ist die, daß sich der Krebs in der Gallenblase oder im großen Gallengang entwickelte und dann auf die Leber übergriff. Diese Krebsart kommt aber weit weniger vor als der Krebs der Bauchspeicheldrüse. So ist es das Nächstliegende, anzunehmen, daß Brahms »Leberkrebs« seinen Ausgangspunkt in der Bauchspeicheldrüse nahm, in der medizinischen Fachsprache also einem »Pankreaskarzinom mit Lebermetastasierung« entsprach. Zu beweisen ist das allerdings nicht. Man hat deswegen auch spekuliert, der Krebs sei von der Gallenblase ausgegangen, weil Brahms als einer, der gutes Essen und Trinken liebte und sehr beleibt war, Gallensteine gehabt habe und diese das Krebsrisiko erhöhten. Aber abgesehen davon, daß Brahms nie über Gallenbeschwerden geklagt hat, ist dieses Argument deswegen nicht mehr stichhaltig, weil man heute von der Auffassung, Gallensteine erhöhten das Krebsrisiko, abgerückt ist. Nach dem Aufkommen der Ultraschalldiagnostik erhielt man Aufschluß über die Unzahl von Trägern »stummer Gallensteine«, die nichts davon bemerken, geschweige denn an einem Gallenblasenkrebs erkranken. Man geht gegenwärtig eher davon aus, daß bei der Disposition zum Gallenblasenkrebs sekundär auch Gallensteine entstehen. Somit können wir keine exakte pathologisch-anatomische Diagnose von Brahms' Krebsleiden stellen; sicher ist nur, daß es die Leber mitergriffen hatte.

Erstaunlich ist es, wie lange der schwerkranke Brahms bei gutem Appetit blieb und daß er erst kurz vor seinem Tod bettlägerig wurde. Auch starb er nicht, wie es bei einer Metastasenleber häufig ist, im Leberkoma, sondern war bis kurz vor seinem Tod ansprechbar, und das, obwohl zuvor noch starke Darmblutungen aufgetreten waren. Kahler hat zu Recht darauf aufmerksam gemacht, daß sie am ehesten Folge eines Vitamin K-Mangels durch den monatelangen Gallengangsverschluß waren. Man konnte damals einen Mangel an Vitamin K noch nicht durch Injektionen ausgleichen. Eine andere Ursache der Darmblutung ist allerdings auch im Tumor selbst zu sehen, der geblutet haben kann.

Bei der entstellenden Lähmung (Starre) der linken Gesichtshälfte, mit der Brahms am 17. Februar 1897 erwachte, muß es sich um eine periphere Facialislähmung gehandelt haben. Die Totenmaske läßt deutlich erkennen, daß sich die Lähmung auch nicht mehr voll zurückgebildet hat und alle drei Äste des Nervus facialis (VII. Hirnnerv) in Mitleidenschaft gezogen waren. Die Stirnfalten sind linksseitig ebenso verstrichen wie die Wangen, und der Mundwinkel hängt herab. Auch heute noch bleiben die Ursachen peripherer Facialislähmungen oft unklar und werden als »rheumatisch« deklariert, wie bei Brahms. Das Vorliegen eines leichten Schlaganfalls, wie ihn Dr. Breuer annahm, ist dagegen unwahrscheinlich. Die Lähmungserscheinungen sind dabei andere und betreffen vor allem nicht alle drei Äste des Nervus facialis, sondern nur zwei.

Wie ist die Bemerkung Heubergers vom 7. Juni 1896, Brahms habe ihm »einige Unregelmäßigkeiten« berichtet, und die Schilderung des »überglücklichen« Brahms vom 28. August 1896, der ihm »einige günstige Symptome« mitteilte, zu deuten? Heuberger nennt die Symptome wohl deswegen nicht beim Namen, weil es sich dabei um Veränderungen der Urin- und Stuhlfarbe handelte. Brahms konnte es im Juni/Juli 1896 (wahrscheinlich sogar schon Monate früher), auch wenn er die Gelbfärbung von Haut und Skleren nicht bemerkt haben wollte, schwerlich entgangen sein, daß sein Urin zunächst dunkler als gewöhnlich und dann »bierbraun« und gleichzeitig sein Stuhl hell (acholisch) wurde. Das wollte er wahrscheinlich mit den »Unregelmässigkeiten« umreißen. Als er Ende August von »günstigen Symptomen« sprach, war es am ehesten zu einer vorübergehenden Hellerfärbung des Urins und Dunklerfärbung des Stuhls gekommen. Man findet das immer wieder im Laufe langwieriger, mit Ikterus einhergehender Krebsleiden. Die Ursache hierfür ist nicht selten durch einen Zerfall von Krebsgewebe bedingt, wodurch die Galle für kurze Zeit wieder in den Darm abfließen kann.

Brahms war auch längst von seinem Krebsleiden befallen, als er zu Clara Schumanns Beerdigung nach Bonn reiste. Bereits an seinem 63. Geburtstag muß er gespürt haben, daß etwas mit seiner Gesundheit nicht mehr stimmte. Seine Äußerung, sich mindestens einmal im Jahr prophylaktisch untersuchen zu lassen, wenn man älter werde, spricht ebenso dafür wie die Angabe Spechts, seinen Freunden sei schon im Frühjahr manchmal eine »seltsame, bräunlich-gelbe Hautfärbung an ihm aufgefallen....« Während des betreffenden Gesprächs soll er recht nachdenklich gewesen sein. Nach unseren heutigen Kenntnissen über die Krebsentwicklung dürfte die Krankheit spätestens im Winter 1895/96 ihren Anfang genommen haben.

Nun zu der Frage, ob sich heute wesentlich andere therapeutische Aspekte ergeben würden, ob man Brahms' Leben hätte verlängern und dessen Qualität verbessern können. Sicherlich hätte man ihn operiert, aber mehr als eine »Palliativoperation« wäre es nicht geworden. Auch unter den jetzigen Bedingungen wäre es für eine Tumorentfernung zu spät gewesen. Man hätte lediglich durch eine Drainage oder Umgehungsoperation den Galleabfluß vorübergehend wiederherstellen können. Dadurch wäre für eine gewisse Zeit die Gelbsucht und damit auch der quälende Juckreiz zurückgegangen. Derartige Operationsverfahren standen am Ende des vergangenen Jahrhunderts noch ganz in den Anfängen. 1882 hatte Carl Langenbuch (1846 - 1901) als erster mit Steinen gefüllte Gallenblasen entfernt; 1886 war es Hermann Kümmell (1852 - 1932), der zum ersten Mal einen Gallengang während einer Operation eröffnete. Alexander Winiwarter (1848 - 1917) und Theodor Kocher (1841 - 1917) nähten wenig später Gallenblasen direkt in den Dünndarm, um einen verschlossenen Gallengang zu umgehen. Die Sterblichkeit bei derartigen Eingriffen war natürlich noch sehr hoch. So ist es nicht erstaunlich, daß man bei Brahms vor einer Operation immer wieder zurückschreckte. Allein wegen des anhaltenden Ikterus mit seinen Folgen, wie Gerinnungsstörungen des Blutes, hätte er wenig Chancen gehabt, eine Operation zu überleben. Seine Lebenserwartung wäre also in unseren Tagen nicht wesentlich höher als damals und dazu noch schwer erkauft gewesen. Hätte man ihm mit einer Palliativoperation vielleicht auch das Leben um einige Wochen verlängert, die damit verbundene Lebensqualität würde das kaum gerechtfertigt haben. Krankenhaus, Operationssaal, Intensivstation, Schmerzen und endlich der Tod in fremder Umgebung. Brahms war es vergönnt, in seiner vertrauten Wohnung zu sterben, gepflegt von Menschen, die ihn kannten und schätzten, und nicht in der Anonymität und Fremde eines Krankenhauses, auch wenn die Pflege noch so fachgerecht gewesen wäre.

Bleibt noch ein Wort zu dem Versteckspiel zwischen ihm und seinen Ärzten und Freunden zu sagen. Das Hin- und Her zwischen Hoffen und Verzweiflung, die raffinierten Lügen, die man ihm auftischte, die Täuschungsmanöver, die ihm Freunde und Ärzte vorgaukelten, wirken deprimierend. Aber wir würden uns heute nicht anders verhalten. Das Bewußtsein, ihm nicht mehr helfen zu können, war die Triebfeder für all die naiven und rührenden Aufmerksamkeiten, die letzten Endes nur Ersatzreaktionen dafür darstellten, daß es für Brahms im Angesicht des Todes keine wahre Tröstung gab. Er war ein Freigeist, der mit dem Tod vor dem Nichts stand. Noch im Juni 1895 hatte er von der »Unsterblichkeit jenseits«, an die wir »ja doch nicht recht glauben«, gesprochen. Damals stand er diesem Gedanken gefaßt gegenüber, aber als der Tod greifbar bevorstand, befiel ihn kreatürliche Angst.

Lassen wir zum Beschluß Brahms' letzten Arzt Dr. Breuer sprechen, wie er die Problematik sah: »Brahms...war in tiefster Seele ganz klar über die Sachlage, aber er wollte, sobald es nur immer möglich war, über diese Wahrheit einen Schleier breiten, nicht immer sehen was er wußte...Dieses Streben zu unterstützen, die halbbewußte Selbsttäuschung zu vertiefen, oft erst zu ermöglichen, das ist in solch traurigem Fall die Leistung, die dem Arzt einzig möglich ist. Ich glaube nicht, daß man recht täte, sie gering zu schätzen.«

Literatur

Geiringer, K.: Johannes Brahms. Sein Leben und Schaffen. 2. Aufl. 1955, Taschenbuchausgabe Kassel 1974.

Hanslick, E.: Von Johannes Brahms' letzten Tagen. Neue Freie Presse, Wien 4. 4. 1897.

Heuberger, R.: Erinnerungen an Johannes Brahms. Tagebuchnotizen aus den Jahren 1875-1897. Erstmalig vollst. hrsg. von K. Hofmann. Verlag Hans Schneider, Tutzing 1976.

Kahler, O. H.: Zum Tode von Johannes Brahms. Münchener medizinische Wochenschrift 122, 1199-1200 (1980).

Kahler, O. H.: Persönliche Mitteilungen.

Kalbeck, M.: Johannes Brahms. Band I - IV. Verlag Hans Schneider, Tutzing 1976.

Karpath, L.: Vom kranken Brahms. In: Die Musik, 2. Jg., Bd. VII, 225-226 (1903).

Kerner, D.: Die Krankheiten großer Musiker. Stuttgart 1963.

Körbler, J.: Krankheit und Tod des Komponisten Johannes Brahms. In: Gesnerus 17, 163-165 (1960).

Kross, S.: Brahms - Bibliographie. Verlag Hans Schneider, Tutzing 1983.
Lange-Eichbaum W., Kurth W.: Genie, Irrsinn und Ruhm. Bd. 2: Die Komponisten. 7. Aufl. bearb. von W. Ritter. München - Basel 1985.
Perger, R. von: Brahms' letzte Tage. In: Musikbuch aus Österreich. Red. von H. Botstiber. 41-45, Wien 1908.
Specht, R.: Johannes Brahms. Leben und Werk eines deutschen Meisters. Hellerau 1928.
Stephenson, K.: Johannes Brahms und die Familie von Beckerath. Hamburg 1979.
Truxa, C.: Am Sterbebette Brahms'. In: Neue Freie Presse Nr. 13899, Wien 7. 5. 1903.

Register zu Band I und II